KISP
Prof. Kunow + Partner

I0894700

Annette Kunow

Projektmanagement

&

Business Coaching

Agiles Projektmanagement - zielorientiert und effizient mit aktiver Körpersprache & umfassender Kommunikation

4.Auflage

NAME: Annette Kunow

ADRESSE: Baumhofstr. 39 d, 44799 Bochum

Web: www.kisp.de

E-Mail: info@kisp.de

Tel: 02349730006

Illustration: Annette Kunow

ISBN Nummer: 978-3-96695-005-3

Vorwort

Durch die sehr schlanken Hierarchien in den heutigen Unternehmen wird die gezielte Steuerung auch von kleineren Projekten und die gekonnte Menschenführung zum Gradmesser des Projekterfolges. Das Zusammenspiel dieser Faktoren und die Anforderungen an den Projektleiter sind das Thema dieses Fachbuches.

Um ein Projekt erfolgreich zu machen, muss das Projekt nicht nur erfolgreich zum Ziel geführt werden, sondern es muss von vornherein das "richtige" Projekt ausgewählt werden. Dazu benötigen Projektleiter Marketingkenntnisse, die anhand eines Beispiels erläutert werden.

Ein weiterer wichtiger Faktor ist die Führung der Projektmitarbeiter. Dazu muss der Projektleiter eine gute Menschenkenntnis und Führungsqualitäten besitzen und diese gezielt zur Lösung von möglichen Konflikten einsetzen können.

Das Zusammenspiel dieser Themen wird ausführlich beschrieben. Anhand von aktuellen Beispielen aus der Praxis werden dem Projektleiter praktische Anleitungen gegeben, um sein Projekt erfolgreich zu steuern. Praktische Übungen vermitteln und vertiefen das Gelernte.

Natürlich gibt es eine Diskrepanz zwischen Theorie und Praxis. Es ist klar, dass Vorgänge in der Praxis nicht alle exakt umsetzbar sind, auch weil Projektleiter häufig fremdbestimmt sind. Trotzdem ist es außerordentlich wichtig, dass sich jeder Projektleiter über diese Zusammenhänge bewusst ist, um Projekte erfolgreich zu steuern.

Durch Checklisten und Leerformulare werden Anregungen gegeben, sich für das eigene Projekt entsprechende Unterlagen zu erstellen.

Zum Schluss wird ein kurzer Einblick in das Programm Microsoft Project 2000® gegeben, das häufig für kleinere und mittlere Projekte verwendet wird.

Das vorliegende Buch "Projektmanagement & Coaching" ist aus der praktischen Arbeit in der Industrie, den Vorlesungen an der Hochschule Bochum und Seminaren in der Industrie entstanden.

Die Zielgruppe sind Praktiker in der Industrie und Studierende aller Disziplinen, die als Projektleiter in diesen Bereichen arbeiten wollen.

Die Verfasserin bedankt sich bei ihren Mitarbeitern und Studierenden für deren wertvolle Beiträge, sowie ihrem Kollegen Prof. Dr.-Ing. M. Bleicher und vor allem Herrn Thomas Kerber für die Anregungen und Hinweise bei der Durchsicht des Manuskripts. Dem Verlag dankt die Verfasserin für die hervorragende Zusammenarbeit.

Bochum, im Herbst 2004

Prof. Dr.-Ing. Annette Kunow

zur 3., neu bearbeiteten und erweiterten Auflage

In dieser Überarbeitung habe ich mich beschränkt, nur auf die Prinzipien eines Informationssystems (Projektmanagement-Programm) einzugehen, weil es inzwischen ein großes Angebot von Software, auch Freeware, auf dem Markt sind, die ähnlich arbeiten.

Dafür habe ich bei den Methoden des Business Coachings, die Kreativitätsmethoden und Kommunikation erweitert und um die Methoden des Systemischen Coachings und der Systemischen Aufstellung ergänzt.

Bochum, im Frühjahr 2012
Prof. Dr.-Ing. Annette Kunow

zur 4., bearbeiteten und erweiterten Auflage

In dieser Überarbeitung gehe ich weiter auf die möglichen und immer wiederkehrenden Stolperfallen und deren Ursachen im Projekt ein, um dem Leser oder der Leserin schon frühzeitig zu zeigen, worauf er oder sie aufpassen muss.

Des Weiteren werden die Aspekte des agilen Projektmanagements weiter ausgebaut. Welche Möglichkeiten bieten sie? Welche Vor- und Nachteile haben sie?

Ergänzendes Bonusmaterial, das den Umfang dieses Buches gesprengt hätte, wie Lösungen zu den Fällen, Checklisten und Vieles mehr, können Sie im Internet nachlesen. Die Links sind jeweils an den Stellen im Buch angegeben.

Bochum, im August 2016
Prof. Dr.-Ing. Annette Kunow

Hier können Sie eine kostenlose Strategie-Session buchen oder schreiben Sie mir, wenn Ihnen dieses Buch gefällt und Sie Anregungen oder Fragen haben.

Hier kommen Sie zum kostenlosen Bonusmaterial zum Buch.

Besuchen Sie auch meinen Blog „Selbstführung & Produktivität“. Ich helfe Ihnen, bessere Ergebnisse zu erzielen.

Inhaltsverzeichnis

1 Einführung

Der erste Schritt ist

die Hälfte des Weges.

1.1 Ziele dieses Projektmanagement & Business Coaching-Buches

Jeder Mensch führt tagtäglich Projekte durch. Eine Studentin führt im Rahmen einer Studienarbeit ein Projekt aus. Ein Handwerker führt ein Projekt aus, um einen Kundenauftrag zu erfüllen. Ein Gastgeber führt projektähnliche Gesellschaftsereignisse durch. Alle können aus derselben Theorie des Projektmanagements Nutzen ziehen, die von Ingenieuren, Teamleitern und Auftragnehmern angewendet wird. Die Prinzipien sind dabei immer die gleichen.

Dieses Buch hilft Ihnen, Ihre Projekte erfolgreich oder noch erfolgreicher durchzuführen. Es setzt keinerlei Vorkenntnisse aus Management oder Technik voraus.

Das Buch wird Sie von Anfang bis Ende eines Projektzyklus führen und die wesentlichen Projektphasen und -probleme ansprechen:

- die Projektdefinition,
- die Projektplanung,
- die Projektorganisation,
- die Projektdurchführung,
- den Projektabschluss,
- die Projektmanagement-Software.

Durch zahlreiche Fragebögen, Checklisten und Übungen wird der Inhalt vertieft und der sofortige Einsatz in der Praxis ermöglicht. Die Auflistung der einschlägigen, zitierten Literatur ermöglicht eine Vertiefung des Buchinhalts.

Aber genauso wichtig wie die Strukturierung eines Projektes ist die Menschenführung im Projektteam. Dazu muss der Projektleiter sehr gute Menschenkenntnis und Führungsqualitäten besitzen und diese gezielt zur Lösung von möglichen Konflikten einsetzen können. Das ist besonders anspruchsvoll, weil in den meisten Fällen der Projektleiter keine hierarchischen Kompetenzen dem Team gegenüber hat.

1.2 Ihre eigenen Lernziele

Da die Definition des (Projekt-) Ziels immer am Anfang eines Projektes steht, ist auch für das Projekt "Erarbeitung des Inhalts eines Lehrbuches" eine Zieldefinition notwendig.

Die Zieldefinition hat zwei unterschiedliche Komponenten. Zum einen wird durch die Umfangsbeschreibung, hier zum Beispiel durch die Inhaltsangabe, ein Lehrziel definiert, zum anderen kann sich jeder Leser selbst sein eigenes Lernziel setzen, indem er sich zum Beispiel mit Hilfe von Tabelle 1.1 die Erarbeitung einer neuen Projektmanagement-Fähigkeit zum Ziel setzt.

Das Setzen eines eigenen Lernziels hat zwei wesentliche Vorteile:

- während der Lektüre ermöglicht Ihnen Ihr eigenes Lernziel, das Gesamtziel des Buches im Auge zu behalten, und
- wenn Sie das Ziel dann tatsächlich erreichen, haben Sie ein Gefühl der Bestätigung und Befriedigung.

In Kapitel 3 wird gezeigt, wie Ziele allgemein, also auch Projektziele, möglichst genau definiert und formuliert werden. Schließlich werden Kreativitätsmethoden in Kapitel 9 ausführlich besprochen.

In der Tabelle 1.1 werden zum Beispiel einige Möglichkeiten aufgezeigt, die Sie im Projektmanagement & Business Coaching lernen können. Es werden alle Facetten des Themas angesprochen, die rein sachlichen, aber auch die zwischenmenschlichen. Beide Aspekte haben in der Praxis in etwa denselben Anteil.

Diese Aspekte werden dort angesprochen, wo sie im Projektverlauf auftreten, zum Beispiel "Konflikte bewältigen" in der Projektdurchführung, etc.

Kreuzen Sie zuerst die für Sie wichtigsten Lernziele (maximal 5) an; dann kreuzen Sie noch die Fähigkeiten an, die Sie besonders verbessern möchten.

Tabelle 1.1: Mögliche Projektmanagement & Business Coaching-Fähigkeiten

In diesem Projektmanagement & Business Coaching-Buch lerne ich,		
1	**Projekte von Anfang bis Ende zu organisieren**	☐
2	Pläne zu strukturieren, die dem Projektdruck standhalten werden	☐
5	Mitarbeiter zu führen	☐
6	Mitarbeiter bei Problemen zu unterstützen	☐
7	vorhandene Ressourcen zu planen und optimal zu nutzen	☐

Fortsetzung Tabelle 1.1

8	ein Projekt im vorgegebenen Budget-und Zeitrahmen zu organisieren	☐
9	Zeit-und Geldverschwendung zu eliminieren	☐
10	Fortschritt und Leistung eines Projektes zu messen	☐
11	Informationssysteme (Projektmanagement-Software) sinnvoll einzusetzen	☐
12	Veränderungen im Projektablauf erfolgreich umzusetzen	☐
13	Konflikte frühzeitig zu erkennen und zu lösen	☐
14	Projektziele umfassend zu definieren	☐

2 Was ist Projektmanagement?

2.1 Entstehung des Projektmanagements

Das Konzept des Projektmanagements als Disziplin wurde in den frühen 60er Jahren entwickelt, um das damals beginnende amerikanische Raumfahrtprogramm durchzuführen. Heute werden auch kleinere Unternehmungen, wie schon in Kapitel 1 erwähnt, als Projekte definiert.

Das Projektmanagement konzentriert sich immer auf ein Projekt.

Dabei wird der Begriff Projekt wie folgt definiert.

Ein Projekt

- ist zeitlich begrenzt,
- hat eine definierte Zielvorgabe,
- weist eine gewisse Einmaligkeit auf,
- muss in der Regel in Teilprojekte und Einzelaktivitäten untergliedert werden (Komplexität),
- ist im allgemeinen mit einem Risiko behaftet,
- erfordert die Zusammenarbeit von Spezialisten aus unterschiedlichen Bereichen für unterschiedliche Zeiträume,
- erfordert eine Projektleitung und eine projektspezifische Organisation

Das Projekt ist also eine Unternehmung mit klarer Zielsetzung und festem Anfang und Ende, das einmalig (azyklisch) abläuft. Es hat eine Aufgabenstellung (Zielsetzung), die im Rahmen bestimmter Personal-,

Budget-, Zeit-und Qualitätsbegrenzungen ausgeführt wird. Es grenzt sich von anderen Vorhaben klar ab.

Die Fähigkeiten und Talente der Mitarbeiter, die ganz oder teilweise an diesem Projekt mitarbeiten, aber auch andere Einrichtungen (Unternehmen, Institutionen, etc.) und Sachen, wie Werkzeuge, Geräte, Systeme und Verfahren, und natürlich auch finanzielle Mittel, nämlich das zur Verfügung stehende Geld sind die Ressourcen eines Projektes.

Der Begriff S.M.A.R.T.-Projektmanagement stammt aus dem englischsprachigen Raum und gilt im Projektmanagement als Kriterium zur eindeutigen Definition von Zielen im Rahmen einer Zielvereinbarung /2.1/. **S.M.A.R.T.** ist ein Akronym für **„S**pecific **M**easurable **A**ccepted **R**ealistic **T**imely". Es kann so übersetzt werden.

- **S Spezifisch**: Ziele müssen eindeutig definiert sein. Nicht vage, sondern so präzise wie möglich.
- **M Messbar**: Ziele müssen messbar sein (Messbarkeitskriterien).
- **A Ausführbar** (erreichbar): Ziele müssen von den Empfängern akzeptiert werden /sein. Aber sie müssen auch angemessen, attraktiv oder anspruchsvoll /2.2 /sein.
- **R Realistisch**: Ziele müssen möglich sein.
- **T Terminierbar**: Zu jedem Ziel gehört eine klare Terminvorgabe, bis wann es erreicht sein muss.

Ein Ziel ist nur dann S.M.A.R.T., wenn es diese fünf Bedingungen erfüllt.

Ein Projekt zeichnet sich im Allgemeinen durch eine gewisse Komplexität aus. Dieser Begriff ist allerdings subjektiv bewertbar. Heute gewinnen auch kleinere, weniger komplexe Projekte an Bedeutung.

Unter Projektmanagement werden alle Führungsaufgaben, Führungsorganisation, -techniken und -mittel für die Abwicklung eines Projektes verstanden. Der Begriff "Projektmanagement" wird eindeutig definiert, wenn Führung als Steuerung der verschiedenen Einzelaktivitäten in einem Projekt auf die Projektziele hin verstanden wird.

So wird das Projektmanagement zum umfassenden Führungskonzept, das durch einzelne Führungstechniken und -hilfen unterstützt werden kann. Diese Führungstechniken und -werkzeuge werden im Folgenden als Business Coaching bezeichnet und ausführlich beschrieben.

Zum Management grenzt sich das Projektmanagement in zwei Punkten grundsätzlich ab

- Das Projektmanagement beschränkt sich auf eine klar umrissene Zeitdauer, während die Planung einer Firmenorganisation meist davon ausgeht, zeitlich unbegrenzt zu bestehen.
- Projekte benötigen Ressourcen häufig nur auf Teilzeitbasis oder in bestimmten Zeiträumen, während permanente Organisationen versuchen, ihre Ressourcen voll über das ganze Arbeitsjahr oder den Abschreibungszeitraum auszulasten.

Aus dem zweiten Punkt ergeben sich oft Konflikte im Unternehmen oder zwischen verschiedenen Abteilungen: Häufig gelingt es den Projektleitern nur durch großes Verhandlungsgeschick, dem Projekt die notwendigen Ressourcen, zum Beispiel die fähigsten Mitarbeiter einer Abteilung, zur Verfügung zu stellen.

In den letzten Jahren gewinnt das "Projektorientierte Unternehmen" immer mehr an Bedeutung. In ihm wird nicht nur die Produktion von Leistungen für den Kunden oder den Markt als Projekt organisiert, sondern das Projektmanagement wird auch als Mittel des technischen und organisatorischen Wandels im Unternehmen selbst genutzt.

Wegen des starken Wettbewerbsdrucks werden heute in vielen Unternehmen die Abläufe so umstrukturiert (zum Beispiel Reengineering oder Umorganisationen), dass ohne Projektmanagement die Gleichzeitigkeit der Abläufe nicht mehr zu bewältigen wären (Bild 2.1). So kommt dem Projektmanagement eine noch größere Bedeutung zu.

2.2 Projekte und Produkte

Definition

Ein Produkt ist die Bezeichnung für etwas, das von einem Unternehmen entwickelt oder gefertigt wird, zum Beispiel eine Software, eine Hardware oder eine Dienstleistung.

Diese Produkte werden in Projekten entwickelt. Projekte dienen also der Produktentwicklung.

Der Lebenszyklus eines Produkts kann auch mehrere Projekte erfordern.

Der Unterschied zwischen Produkt- und Projektmanagement ist dann folglich

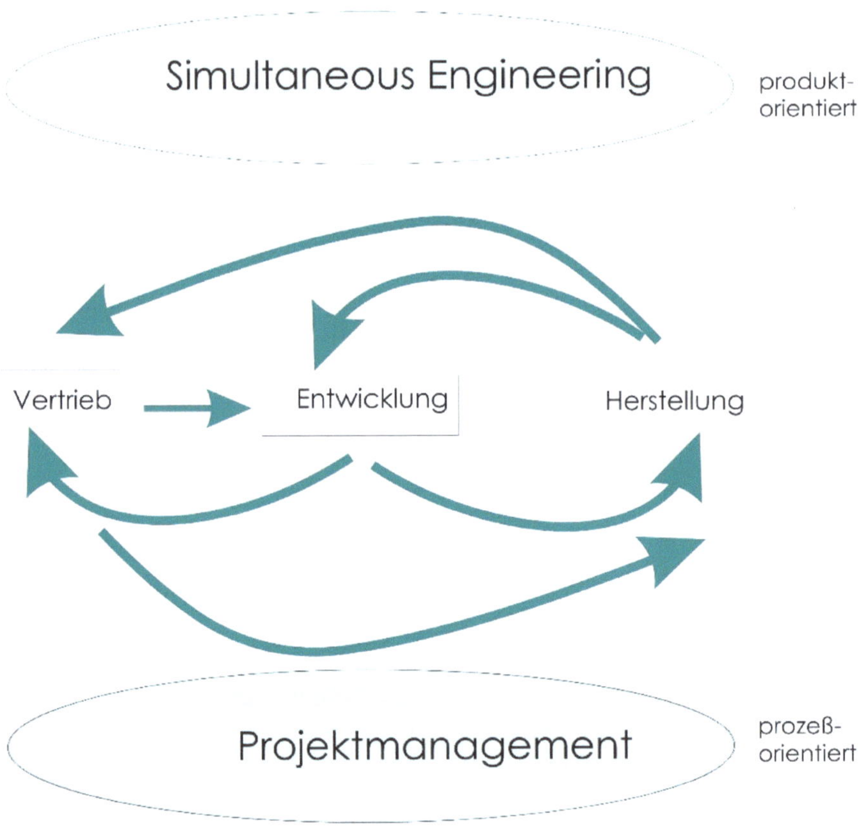

Bild 2.1 Abläufe im Simultaneous Engineering

- Das Produktmanagement ist zuständig für die Ermittlung und Festlegung des Umfangs zur Entwicklung.
- Das Projektmanagement ist für die Ausführung und Lieferung des Umfangs verantwortlich.

Aber die Produktentwicklung darf nicht ausschließlich als eine Abfolge von Projekten gesehen werden. Zum Produktmanagement gehören folgende wichtige Aufgaben

- Innovationen einbringen
- Personal regelmäßig schulen

Wenn keine Innovationen eingeführt werden, können „technische" Schulden angehäuft werden, die später schwer abzubauen sind.

Wenn kein neues, wertvolles fachliches und technisches Wissen aufgebaut wird, kann es zu organisatorischen Problemen führen. Denn auch qualifizierte Mitarbeiter entstehen nicht in 9 Monaten.

Das Produktmanagement muss dafür sorgen, dass das Produkt über den Umfang des nächsten Releases hinausgeht und mit Innovationen marktfähig gehalten werden kann /2.4/.

2.3 Der Lebenszyklus eines Projektes

Jedes Projekt durchläuft einen vorhersehbaren, in vier Phasen unterteilten Lebenszyklus, der dem Projektleiter in jeder Phase sehr unterschiedliche Fähigkeiten abverlangt:

- 1. Phase: Konzept und Definition des Projektes
- 2. Phase: Planung des Projektes
- 3. Phase: Durchführung des Planes
- 4. Phase: Abschluss und Bewertung des Projektes

Diese einzelnen Phasen werden im Folgenden ausführlich erläutert.

In Tabelle 2.1 können Sie sich selbst von Ihren Fähigkeiten als Projektleiter überzeugen und ein von Ihnen durchgeführtes Projekt noch einmal durcharbeiten und anschließend bewerten.

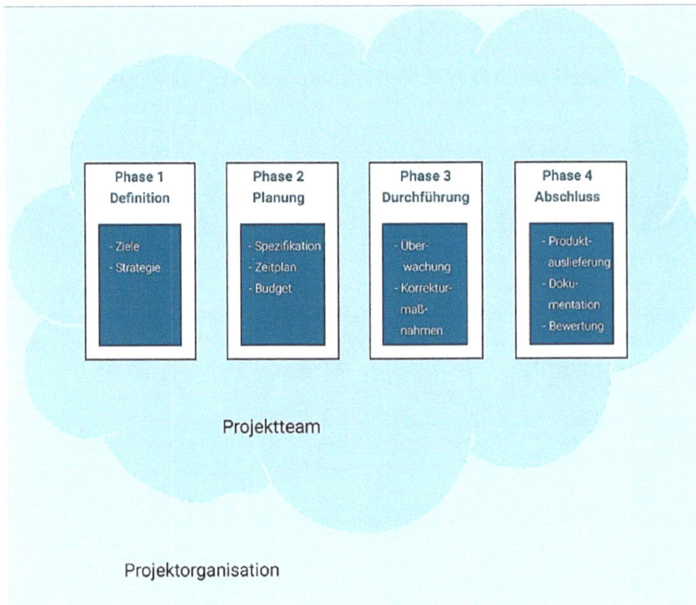

Bild 2.2: Die vier Projektphasen

Tabelle 2.1: Beantworten Sie in Bezug auf Ihr eigenes Projekt folgende Fragen

1	Wann hatten Sie die erste Idee für dieses Projekt?
1.1	Wie viel Zeit verging und wie viele Schritte unternahmen Sie zwischen der ersten Idee und einem klaren Konzept?
2	Wie nahmen Sie die Planung in Angriff?
2.1	Entschieden Sie, welches Werkzeug, welche Geräte und Materialien Sie brauchen würden und woher diese zu beziehen sind?
2.2	Planten Sie zusätzliche Hilfe für den Fall ein, dass das Projekt für Sie alleine nicht zu bewältigen sein würde?
3	Ging alles nach Plan, als das Projekt im Gang war?

Fortsetzung Tabelle 2.1

3.1	Blieben Sie im Budgetrahmen?
3.2	Wurden Sie rechtzeitig fertig?
3.3	Entsprachen die Ergebnisse Ihren Qualitätsmaßstäben?
3.4	Tauchten unerwartete Probleme auf? Falls ja, wie haben Sie sie gelöst?
4	Gab es Arbeitskräfte, die freigestellt oder versetzt werden müssten, als das Projekt beendet war?
4.1	Mussten Werkzeuge und Geräte zurückgegeben werden?
4.2	Gab es überschüssiges Material zu entsorgen?
5	Dachten Sie nach Abschluss des Projektes über die Erfahrungen nach, um Verbesserungsmöglichkeiten für das nächste Projekt zu finden? Wenn nicht, nehmen Sie sich jetzt doch ein paar Minuten Zeit, und schreiben einige Verbesserungsvorschläge auf.

Erinnern Sie sich an ein Projekt, das Sie in den vergangenen zwei oder drei Monaten abgeschlossen haben. Es könnte ein Wochenendprojekt zu Hause oder ein berufliches Projekt gewesen sein.

In Tabelle 2.2 wird ein Badumbau besprochen, der ohne vorherige Planung durchgeführt wurde.

Tabelle 2.2: Projektbeispiel "Badrenovierung"; Ablauf eines durchgeführten Projektes

1	Wann hatten Sie die erste Idee für dieses Projekt?	Ca.3 Monate vorher.
1.1	Wie viel Zeit verging und wie viele Schritte unternahmen Sie zwischen der ersten Idee und einem klaren Konzept?	Sehr wenig.
2	Wie nahmen Sie die Planung in Angriff?	Ausmessen der Räumlichkeit, Zeichnung anfertigen, Sanitäreinrichtungen nach Prospekten aussuchen, Maße eintragen, Skizze für die Gegenstände erstellen, Skizze für die Lage der Lampen erstellen, Quadratmeter für Kacheln nach deren Auswahl ausrechnen, Bestellungen aufgeben, soweit notwendig.
2.1	Entschieden Sie, welches Werkzeug, welche Geräte und Materialien Sie brauchen würden und woher diese zu beziehen sind?	Allgemeine Rohrmaterialien wurden von den Handwerkern selbst beschafft, die Komponenten der Badezimmerausstattung wurden teilweise zu spät bestellt, da die Lieferzeiten vorher nicht bekannt waren.

Fortsetzung Tabelle 2.2

2.2	Planten Sie zusätzliche Hilfe für den Fall ein, dass das Projekt für Sie alleine nicht zu bewältigen sein würde?	Ja, zwei Handwerker eines Unternehmers sollten die Baumaßnahme durchführen.
3	Ging alles nach Plan, als das Projekt im Gang war?	Nein, einige Komponenten der Badezimmerausstattung wurden zu spät bestellt und hatten ca.6 Wochen Lieferzeit. Dazu kamen Sonderanfertigungen (Duschwanne), da sich nach dem Ausbruch andere Maße und Situationen ergaben.
3.1	Blieben Sie im Budgetrahmen?	Ja, ca.5% mehr
3.2	Wurden Sie rechtzeitig fertig?	Nein, das Projekt musste zwei Wochen unterbrochen werden, weil wichtige Komponenten fehlten.
3.3	Entsprachen Sie Ihren Qualitätsmaßstäben?	Ja.

Fortsetzung Tabelle 2.2

3.4	Tauchten unerwartete Probleme auf? Falls ja, wie haben Sie sie gelöst?	Das Abwassersystem reichte für die Toilettenanlage nicht aus und musste durch eine Pumpenanlage verbessert werden. Nach dem Einbau wurde festgestellt, dass das gesamte System incl. Geruchsverschluss leer gesaugt wird. Es musste korrigiert werden.
4	Gab es Arbeitskräfte, die freigestellt oder versetzt werden sollten, als das Projekt beendet war?	Die Arbeitskräfte konnten in der Pause und danach nahtlos an anderen Projekten des Unternehmers arbeiten.
4.1	Mussten Werkzeuge und Geräte zurückgegeben werden?	Die Werkzeuge und Geräte wurden sofort in anderen Projekten eingesetzt.
4.2	Gab es überschüssiges Material zu entsorgen?	Abfallmaterial wurde kontinuierlich entsorgt Kacheln wurden zurückbehalten, falls welche bei Reparaturen kaputt gehen. Sie lagern jetzt im Keller.

Fortsetzung Tabelle 2.2

5	Dachten Sie nach Abschluss des Projektes über die Erfahrungen nach, um Verbesserungsmöglichkeiten für das nächste Projekt zu finden?	Ja, im Wesentlichen hätten die Bestellzeiten der Sanitäreinrichtungen (teilweise bis zu 6 Wochen) im Projekt berücksichtigt werden müssen. Teilweise ist es aber bei der Altbausanierung nicht möglich, weil sich manche Situationen erst nach dem Abbruch zeigen und dann neu geplant werden müssen: die Duschwanne wurde schließlich von Hand gemauert, die Duschkabine bestellt, die Pumpanlage wurde erst nach langem Suchen für das vorhandene Toilettensystem gefunden und war dementsprechend etwas teurer.

Fortsetzung Tabelle 2.2

5.1	Wenn nicht, nehmen Sie sich jetzt doch ein paar Minuten Zeit, und schreiben einige Verbesserungsvorschläge auf.	Ein Sanitärfachmann hätte diese Maßnahmen sicher besser vorausgesehen. In diesem Fall war das Problem nicht gravierend, da die Mitarbeiter kurzfristig an einer anderen Aufgabe arbeiten konnten. Dies wurde nach der Feststellung, dass eine Pause eintreten würde, gezielt eingeplant. Mit den Schwierigkeiten bei der Toilettenanlage war vorab nicht zu rechnen. Der ursprünglich vorgesehene Einbau wäre viel aufwendiger und teurer gewesen, so dass dies die bessere Alternative war. Ein Glück war, dass es für die Umbauwochen ein Ausweichquartier gab. Hätte die Wohnung bewohnbar bleiben müssen, wäre diese Baumaßnahme so nicht durchführbar gewesen.

Sehr wichtig ist die abschließende Bewertung des Projektes. Dies wird auch in Kapitel 7 ausführlicher beschrieben. Aus den gemachten Fehlern lassen sich erst so Erfahrungen für zukünftige Projekte herleiten.

2.4 Die Projektparameter

Während der Projektdauer hat der Projektleiter die drei wichtigsten Parameter zu beachten:

- Qualität

- Kosten
- Zeit.

Ein erfolgreich geführtes Projekt wird am oder vor dem Fälligkeitstermin, im Budgetrahmen und mit den vorgegebenen Qualitätsstandards abgeschlossen sein.

Jeder dieser Projektparameter wird in der Planungsphase genau festgelegt. Mit diesen Parametern ergibt sich dann daraus während der Durchführungsphase die Grundlage für die Überwachung des Projektablaufs (Tabelle 2.3).

Vereinbarung von Spezifikationen

Um die Qualität eines Projektes bewerten zu können, werden Spezifikationen erstellt, die den erfolgreichen Ausgang des Projektes genau beschreiben. Sie werden mit dem Auftraggeber genau vereinbart und als Bestandteil des Projektvertrages aufgenommen. Der Auftraggeber wird bei Übergabe, bzw. Abnahme des Projekts diese Merkmale kontrollieren.

Tabelle 2.3: Projektparameter

Projektparameter		Grundlagen für die Überwachung des Projektablaufs
Qualität	→	Spezifikationen
Kosten	→	Budget
Zeit	→	Zeitplan, Termine

Ein solcher Auftraggeber kann eine Fremdfirma oder eine andere Abteilung in eigenen Unternehmen sein. Die hier beschriebene Fallstudie ist eine Hallenbaumaßnahme, die im Unternehmen mehr Produktionsraum schaffen soll. In diesem Fall ist der Auftraggeber die Abteilung, die die Halle später nutzen will. Sie stellt die Qualitätsanforderungen. Die Betriebsleitung gibt den Kosten-und Zeitrahmen vor.

Im Laufe eines Projektes können sich die Spezifikationen ändern. Es liegt nun am Projektleiter sicherzustellen, dass der Auftraggeber die neuen Spezifikationen akzeptiert. Falls ein schriftlicher Vertrag besteht, muss er schriftlich revidiert werden, so dass bei der Inspektion /Abnahme des Projektresultats keine Missverständnisse über die akzeptierten Parameter entstehen. Parallel dazu wird immer geklärt, wer die dabei möglicherweise entstehenden Kosten übernimmt.

Aufstellung des Budgets

Aus den vorhandenen finanziellen Mitteln ergibt sich der Kostenplan und damit das Budget. Wenn nicht genügend Mittel zur Verfügung stehen, werden die Qualitätsanforderungen eventuell verändert oder Eigenleistungen erbracht.

Aufstellung eines Zeitplans und der entsprechenden Termine

Aus dem vorgesehenen Zeitpunkt der Fertigstellung des Produkts ergibt sich der Zeitplan und damit die Termine. Wenn nicht genügend Zeit zur Verfügung steht, werden die Qualitätsanforderungen verändert oder Leistungen dazugekauft.

Heute und in Zukunft bestimmen aber nicht mehr nur diese drei Parameter das Projekt maßgeblich. Es kommen noch drei weitere, sekundäre Parameter

- Ökologie
- Flexibilität
- Human Factors

hinzu, die zusammen mit den primären Parametern in Bild 2.3 dargestellt sind.

Diese Parameter sind besonders wichtig bei Entwicklungsprojekten.

Das Ökologiebewusstsein und die damit fortschreitende Gesetzgebung führen zu erhöhten Ansprüchen hinsichtlich der Umweltverträglichkeit von Projekten.

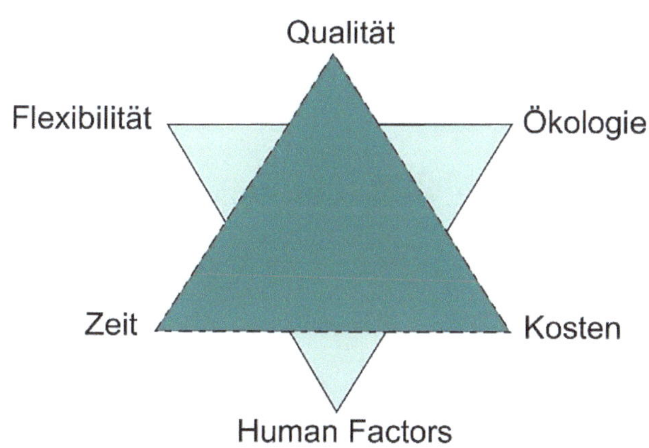

Bild 2.3: Zielgrößen zur Optimierung von Entwicklungsprojekten

Diese Parameter sind besonders wichtig bei Entwicklungsprojekten.

Das Ökologiebewusstsein und die damit fortschreitende Gesetzgebung führen zu erhöhten Ansprüchen hinsichtlich der Umweltverträglichkeit von Projekten.

Das Unternehmen muss heute auf jeden Kundenwunsch flexibel reagieren können. Nur so kann die veränderte Marktsituation bewältigt werden.

Nur die Berücksichtigung der Human Factors wird die erforderliche Motivation und Identifikation erreichen, zum Beispiel mit dem Unternehmen, dessen Organisationsstruktur und dem durchzuführenden Projekt.

Die Tabelle 2.4 zählt die von einem erfolgreichen Projektleiter benötigten Fähigkeiten auf. Markieren Sie all jene Fähigkeiten, die Sie Ihrer Ansicht nach besitzen. Danach markieren Sie diejenigen Fähigkeiten in der zweiten Reihe, in denen Sie sich verbessern möchten. Überlegen Sie dabei auch, welche Fähigkeiten von Ihnen in Ihren Projekten besonders benötigt werden.

2.5 Die richtigen Projekte machen

Auch beim Projektmanagement geht es nicht ohne Marketing. Vorgesetzte und Mitarbeiter von Plänen zu überzeugen und ihre Unterstützung zu gewinnen, geht nicht ohne Vorarbeit. Die beste Projektabwicklung, also das Projekt richtig zu machen, nutzt nichts, wenn das falsche Projekt ausgewählt wurde.

Tabelle 2.4: Vom Projektleiter benötigte Fähigkeiten

1	Projekte von Anfang bis Ende zu organisieren	☐	☐
2	Pläne zu strukturieren, die dem Projektdruck standhalten	☐	☐

Fortsetzung Tabelle 2. 4

3	Vorgesetzte und Mitarbeiter von den Projektplänen zu überzeugen und ihre Unterstützung zu gewinnen	☐	☐
4	klar bewertbare Projektziele zu erstellen	☐	☐
5	Mitarbeiter zu führen	☐	☐
6	Mitarbeiter bei Problemen zu unterstützen	☐	☐
7	vorhandene Ressourcen planen und optimal zu nutzen	☐	☐
8	Zeit-und Geldverschwendung zu eliminieren	☐	☐
9	Fortschritt und Leistung eines Projektes zu messen	☐	☐
10	Informationssysteme sinnvoll einzusetzen	☐	☐
11	Konflikte frühzeitig zu erkennen und zu lösen	☐	☐
12	Projektziele umfassend zu definieren	☐	☐

Das richtige Projekt ist es auch dann, wenn die vorhandenen Ressourcen, wie zum Beispiel Personal, Material oder finanzielle Mittel, richtig eingesetzt werden können, um das vorgeschlagene Vorhaben zu realisieren. Auch ein noch so interessantes Vorhaben kann wegen einer vorliegenden Ressourcenknappheit scheitern.

Die Forderung ist, mit dem ausgewählten Projekt die Ziele des Unternehmens am besten zu realisieren. Die Erfüllung dieser Forderung ist aber nicht immer einfach.

Tatsächlich scheitert diese systematische Auswahl oft an den Widerständen in der Organisation, zum Beispiel an den sogenannten Erbhöfen. Häufig werden die Projekte nach Gefühl ausgewählt. Das Prestige des Antragstellers, die Orientierung an bereits bekannten, für ähnliche Vorhaben angefallenen Kosten, zum Beispiel an Budgetquoten der Vergangenheit, sind häufig genutzte, aber völlig unzureichende Auswahlverfahren. Es müssen die aktuellen marktentscheidenden Faktoren berücksichtigt werden.

Eine einfache Methode ist die Bestimmung von Erfolgsfaktoren eines Produkts und das daraus abgeleitete Produktprofil. Erfolgsfaktoren sind die Eigenschaften eines Produkts, bzw. der die Produkte anbietenden Organisation, die auf dem Markt die Wettbewerbsstellung der Unternehmung wesentlich bestimmen. Der größte Vorteil einer solchen Orientierung an diesen Erfolgsfaktoren ist, dass die Produktentwicklung damit eine wichtige Unterstützung bei der Formulierung des Projektziels erhält. Außerdem berücksichtigt diese Vorgehensweise wichtige kaufentscheidende Faktoren.

Die Zusammenstellung der Erfolgsfaktoren des Projektes, zum Beispiel eine Produktentwicklung, wird möglichst mit denjenigen der Konkurrenz verglichen. Damit kennt man den eigenen Marktvorteil und Marktnachteil, wenn dieses Entwicklungsprojekt gestartet wird. Tabelle 2.5 zeigt solche Erfolgsfaktoren und Erfüllungsgrade eines Produkts im Vergleich zum stärksten Wettbewerber.

Diese Übersicht zeigt, dass das geplante Entwicklungsprojekt in einigen wesentlichen Punkten Marktnachteile dem stärksten Wettbewerber gegenüber aufzuweisen hat. Erst wenn geklärt ist, ob alle diese Nachteile aufgeholt werden können, kann mit einem erfolgreichen Projekt gerechnet werden.

Tabelle 2.5: Erfolgsfaktoren und Erfüllungsgrade einer Produktentwicklung im Vergleich zum stärksten Wettbewerber; ◆◆◆◆ eigenes Unternehmen; ◎◎◎◎ stärkster Wettbewerber

	Erfolgsfaktoren	**Erfüllungsgrade** **schlecht** **gut**
1	Erfüllung der angegebenen Produktfunktionen	◆◆◆◆◆◆◆◆ ◎◎◎◎◎◎◎
2	Gute Produktkonzeption	◆◆◆◆◆◆◆◆ ◎◎◎◎◎◎◎
3	Kundengruppenbezogene Produktdifferenzierung	◆◆◆◆ ◎◎◎◎◎◎◎
4	Beratungskompetenz des Vertriebes, bzw. des Verkäufers	◆◆ ◎◎◎◎◎◎◎◎◎◎◎ ◎◎◎
5	Unterstützung des Kunden bei Planung und Installation	◆◆◆◆◆◆◆◆◆◆ ◆◆ ◎◎◎◎◎◎◎◎◎◎◎ ◎◎◎

Fortsetzung Tabelle 2.5

6	Einsatz von Systemspezialisten	◆◆◆◆ ◎◎◎◎◎◎◎
7	Erfüllung von Sonderanforderungen	◆◆◆◆ ◎◎◎◎◎◎◎
8	Gute Funktionsbeschreibung	◆◆◆◆ ◎◎◎◎◎◎◎
9	Hohe Akzeptanz der Produkte durch den Anwender /Verbraucher	◆◆ ◎◎◎◎◎◎◎◎◎◎◎ ◎◎
10	Markenname	◆◆◆◆◆◆◆◆ ◎◎◎◎◎◎◎◎◎◎◎ ◎◎
11	Bekanntheitsgrad der Marke	◆◆◆◆ ◎◎◎◎◎◎◎
12	Hohe Bedeutung der Marktführerschaft	◆◆◆◆◆◆◆◆ ◎◎◎◎◎◎◎◎◎◎◎ ◎◎
13	Eigenes Kundennetz	◆◆◆◆ ◎◎◎◎◎◎◎

Fortsetzung Tabelle 2.5

14	Konzentration auf Hauptkunden	◆◆◆◆ ◎◎◎◎◎◎◎
15	Geringe Störanfälligkeit	◆◆◆◆ ◎◎◎◎◎◎◎
16	Produkt auf dem neuesten Stand der Technik	◆◆◆◆◆◆◆◆ ◎◎◎◎◎◎◎◎◎◎◎ ◎◎
17	Großer Funktionsumfang	◆◆◆◆◆◆◆◆ ◎◎◎◎◎◎◎
18	Befriedigung der Sicherheitsbedürfnisse	◆◆◆ ◎◎◎◎◎◎◎
19	Gemeinsame Nachfrage mit anderen Produkten	◆◆◆◆ ◎◎◎◎◎◎◎
20	Wartungsfreundlichkeit	◆◆ ◎◎◎◎◎◎◎

2.5.1 Fallbeispiel Autoreifen

Bild 2.4 zeigt die kaufentscheidenden Faktoren beim Erwerb von Autoreifen. Die im Käuferurteil wichtigste Eigenschaft ist das Fahrverhalten. Das dargestellte Eigenschaftsprofil wurde durch eine vereinfachte Marketing-Methode erstellt /2.3/.

Deshalb wird die Eigenschaft, die den kaufentscheidenden Faktor enthält, noch detaillierter aufgeschlüsselt (Bild 2.5). Hier entscheidet vor allem die Ganzjahres-und die Nässetauglichkeit als eine vom Kunden hoch bewertete Produkteigenschaft.

Aufgrund dieser Erhebungsdaten, die einem Produkt zugeordnet sind und die in einem Entwicklungsprojekt gestaltet werden können, wird das Produktprofil zur Bewertung konstruiert (Tabelle 2.6).

Die verschiedenen Eigenschaften werden mit den Eigenschaften eines besonders erfolgreichen Produkts der Konkurrenz verglichen. Dabei zeigt sich, dass das Projekt 1, das sich vor allem auf die deutliche Verbesserung des vom Kunden geschätzten Fahrverhaltens konzentriert, dem Projekt 2 vorgezogen werden sollte.

2.5.2 Entscheidungsregeln

Folgende Entscheidungsregeln für die Realisierung eines Projektes lassen sich aufstellen:

- Beim wesentlichen Erfolgsfaktor "Preis des Produkts" lassen sich die Fertigungs-und späteren Wartungskosten reduzieren.

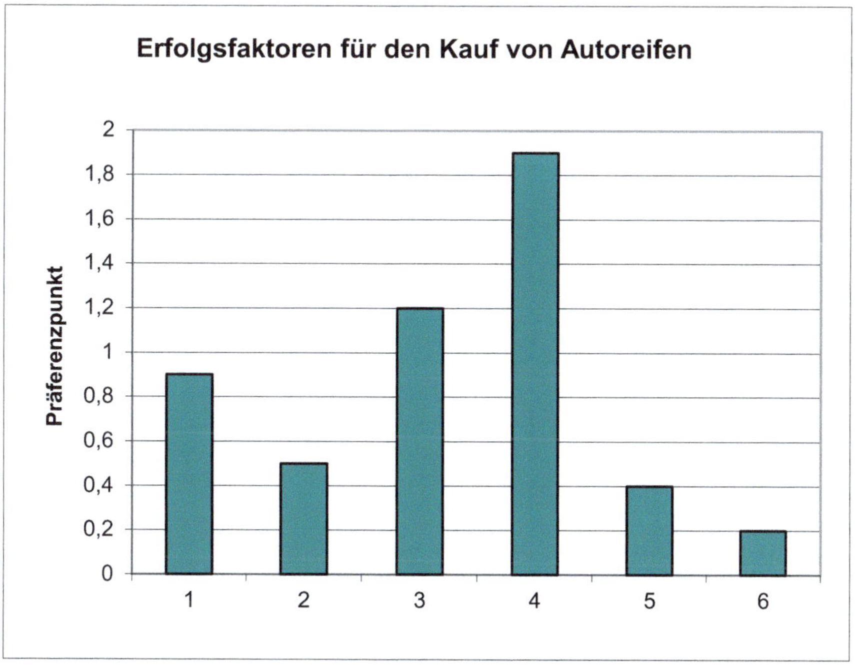

Bild 2.4: Erfolgsfaktoren für den Kauf von Autoreifen; 1 Fahreigenschaften; 2 Weiterfahrmöglichkeiten; 3 Preis; 4 Fahreigenschaften; 5 Markenpräferenz; 6 Optik

- Bei Erfolgsfaktoren „Kundenhonorierung" sind die Muss-Ziele, also die Ziele, die unbedingt erreicht werden müssen, den wichtigsten Erfolgsfaktoren zuzurechnen. Dabei wird der stärkste Konkurrent bei diesen Leistungsparametern übertroffen oder Rückstände ihm gegenüber können aufgeholt werden.

Aber auch kaufmännische Gesichtspunkte müssen neben anderen Kriterien berücksichtigt werden, wie zum Beispiel

- der erwartete Return on Investment, also der Gewinn, bezogen auf die Investition
- die erwartete Umsatzrendite

- die prognostizierten Deckungsbeiträge.

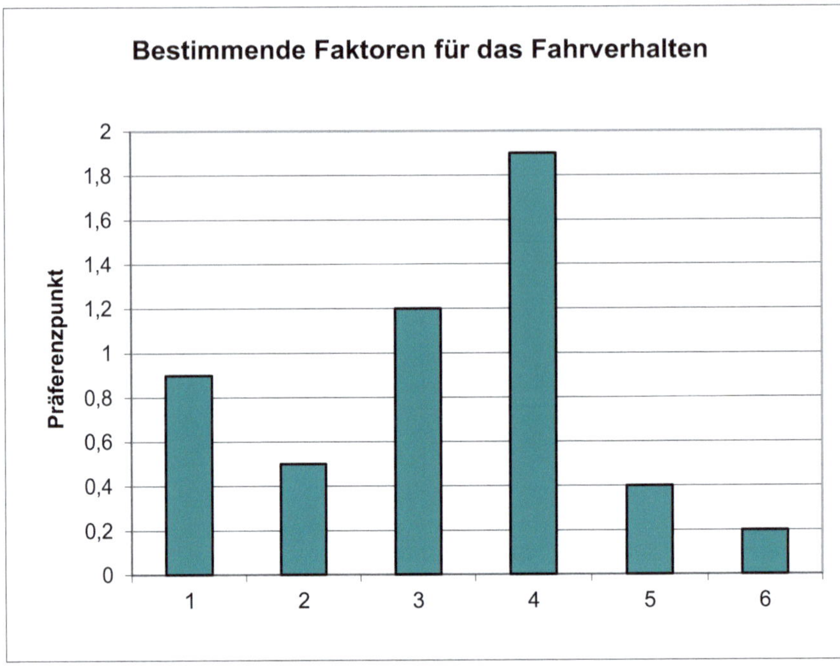

Bild 2.5: Bestimmende Faktoren für das Fahrverhalten; 1 Verhalten; 2 Nässetauglichkeit; 3 Federungskomfort; 4 Lebensdauer; 5 Ganzjahrestauglichkeit

Tabelle 2.6: Produktspezifikation zweier verschiedener geplanter Projekte zur Entwicklung von Autoreifen

Vergleich mit Konkurrenz				
Erfolgsfaktoren	**Faktor**	**Gewichtung** schlechter		besser
Fahreigenschaften	0,18	1	2	
Weiterfahrmöglichkeit	0,12	2		1

Fortsetzung Tabelle 2.6

Preis	0,19		2	1
Fahrverhalten	0,40		1	2
Markenpräferenz	0,09		1, 2	
Optik	0,02	1	2	

Dem Investor stehen dabei einige Methoden zur Auswahl des richtigen Projektes zur Verfügung, die jedoch hier nicht im Einzelnen erläutert werden:

- die Kostenvergleichsrechnung
- die Rentabilitätsrechnung
- die Amortisationsrechnung
- die Kapitalwertmethode
- die Methode des internen Zinsfußes
- die Annuitätenmethode.

Auch der Auftragnehmer, der das Projekt durchführen wird, stellt sich die Frage, ob er das richtige Projekt übernimmt, bzw. ob er sich überhaupt um den Auftrag für das Projekt bemühen soll, da die Angebotskosten bis zu 5 % des Auftragswertes betragen können.

Zur Beurteilung dieser Frage sind die Tabelle 2.5 und die Tabelle 2.6 geeignet, die große Ähnlichkeit mit einer Risikobeurteilung (Tabelle 2.7 /2.3/) haben.

Hauptkriterien sind die Kapazitätsbelastung, die Risiken, die Wettbewerbschancen und Kundencharakteristika, zum Beispiel seine Bonität. Diese Kriterien werden weiter in Unterkriterien aufgegliedert.

Das Projekt erhält in jedem Unterkriterium eine Note. Die Skala reicht von 1, sehr schlecht im Vergleich zum Durchschnitt, bis 5, deutlich besser als der Durchschnitt. Das Produkt aus Note mal Gewichtung ergibt eine Punktzahl, die zu einer Gesamtpunktzahl addiert wird. Im Beispiel ergeben sich 369 Punkte. Diese wird mit einer Punktzahl verglichen, die sich ergibt, wenn alle Kriterien dem Durchschnitt entsprechen, also Note 3. Das sind 300 Punkte (Tabelle 2.7 /2.3/). Das bewertete Projekt liegt also 23% über dem Durchschnitt und hat gute Voraussetzungen erfolgreich zu werden.

Danach wird das Projekt in den einzelnen Beurteilungskriterien so beurteilt, dass anschließend eine Entscheidung über die Übernahme des Projektes getroffen werden kann. In Tabelle 2.8 wird offensichtlich, dass die Gewichtung der einzelnen Kriterien eine bedeutende Rolle bei der Projektbeurteilung spielt. Zum Beispiel hat das Projekt eine sehr günstige Risikobewertung und eine geringere Bewertung der Kundenspezifika.

Weiter gibt es sehr anschauliche Methoden mit dem Portfolio-Ansatz. Hier werden die zur Auswahl stehenden Projekte nach nur zwei Merkmalen (Dimensionen) beurteilt

- der wirtschaftlichen und
- der strategischen Bedeutung des Projektes.

Nur die im schwarzen Bereich (Bild 2.6) liegenden Projekte haben höchste Priorität und sind wegen ihrer hohen wirtschaftlichen und strategischen Bedeutung auszuwählen. Projekte, die in den schwächer gekennzeichneten Bereichen liegen, haben jeweils mittlere wirtschaftliche, bzw. mittlere strategische Bedeutung. Alle anderen Projekte, die innerhalb der weißen Bereiche liegen, sind entweder wirtschaftlich oder strategisch bedeutungslos.

Trotzdem kann es Gründe geben, auch ein solches Projekt auszuwählen. Zum Beispiel, wenn ein neuer Markt erobert werden soll oder die eigenen Ressourcen ausgelastet werden sollen.

Bild 2.6: Priorität von Projekten nach dem Portfolio-Ansatz

Bild 2.7 zeigt die wichtigsten Kriterien zur Projektbeurteilung vor dem Projektbeginn. Meist liegen im Unternehmen schon Erfahrungen vor, die dort einfließen.

2.6 Projektrisiken

Außerdem müssen vor Beginn einer Projektplanung die Risiken des Projektes abgeschätzt werden, die die Erfüllung des Projektzieles gefährden könnten.

Bild 2.7: Kriterien zur Projektbeurteilung vor dem Projektbeginn

Tabelle 2.7: Projektbeurteilung vor dem Projektbeginn /2.3/

Kriterien zur Projektbeurteilung	**Gewichtung %**	**Bewertung Note Pkte.**	**mittl. Pkte.**	**Differenz %**
A Kapazitätsbelastung				
A1 Angebotserstellung	4	16	12	33,3
A2 Abwicklung (Engineering)	6	24	18	33,3
A3 Abwicklung (Fertigung)	10	50	30	66,7
Gesamt Kapazitätsbelastung	20	90	60	50,0
B Risiken				

Fortsetzung Tabelle 2.7

B1 Zeit	6	30	18	66,7
B2 Technik	9	27	27	0,0
B3 Finanzen	6	24	18	33,3
B4 Sonstiges	9	27	27	0,0
Gesamt Risiken	30	108	90	20,0
C Wettbewerbschancen				
C1 Anbietende Firmen	12	24	36	33,3
C2 Stärken /Referenzen	12	48	36	33,3
C3 Auftragschancen	12	36	36	0,0
Gesamt Wettbewerbschancen.	36	108	108	0,0
D Kundenspezifika				
D1 Finanzierungswünsche	7	28	21	33,3
D2 Bonität des Kunden	7	35	21	66,7
Gesamt Kundenspezifika	14	63	42	50,0
Gesamturteil	**100**	**369**	**300**	**23,0**

Die Liste kann selbstverständlich noch nicht zur detaillierten Identifikation von Risiken verwendet werden. Dafür müssen anschließend die

Details der Risiken für jeden Bereich entsprechend spezifiziert werden.

Tabelle 2.8: Projektbeurteilung

Projektbeurteilung	**Note**	**Gewicht %**		**Bewertung**
A Kapazitätsbelastung	4,33	20	86,6	************** ***
B Risiken	3,75	30	112,5	************** **********
C Wettbewerbschancen	3,00	36	108	************** ******
D Kundenspezifika	4,50	14	63	*************

Folgende Fragen helfen, die Risikobeurteilung des Personaleinsatzes zu erfassen:

- Gibt es kritische Aufgaben, für die noch niemand vorgesehen ist?
- Gibt es Zwänge, bestimmte Mitarbeiter in das Projekt zu übernehmen?
- Gibt es Zwänge, in der frühen Projektphase mehr oder weniger Mitarbeiter zu beschäftigen?
- Passen die Mitglieder des Projektteams zusammen?

- Haben die Mitglieder des Projektteams realistische Vorstellungen von ihren Aufgabenstellungen?
- Sind die Mitglieder des Projektteams für die ihnen übertragenen Aufgaben wirklich geeignet?
- Stehen die wichtigsten Mitglieder des Projektteams für die voraussichtliche Projektdauer zur Verfügung?
- Sind die wichtigsten Mitglieder des Projektteams vollständig für das Projekt abgestellt?

Die Tabelle 2.9, die gleichzeitig bei der Angebotserstellung ausgefüllt werden sollte, listet die möglichen Risiken eines Entwicklungsprojektes auf.

Das Durchdenken von Risiken muss systematisch erfolgen, weil viele kleine nachträgliche Korrekturen häufig zu Verschlimmbesserungen führen.

Es gibt unterschiedliche Risikoarten

- das Risiko, das unvermeidlich für alle ist (Unwetter, Krieg),
- das Risiko, das wir uns nicht leisten können,
- das Risiko, das wir uns leisten können.

Das Risiko muss also immer spezifisch bewertet werden. Würde das Unternehmen bei Eintritt des Risikos insolvent werden, kann es zum Beispiel nicht eingegangen werden.

Dafür ist notwendig Grenzkonditionen festzulegen, wie zum Beispiel die Höhe des Goldpreises oder ähnlich Relevantes für das Projekt. Das muss aber unbedingt schriftlich festgehalten werden, um zum Maßstab zu werden.

Tabelle 2.10 zeigt eine detaillierte Risiko-Checkliste für den Anlagenbau. Jede Branche wird sich spezifische Checklisten gestalten, um das Risiko in den verschiedenen Projektphasen zu minimieren. Diese Tabelle wird ab der Angebotsphase begonnen und während des Projektverlaufs weiter aktualisiert.

Tabelle 2.9: Risikobeurteilung eines Projektes

mögliche Risikofaktoren	Maßnahmen zur Risikobeseitigung
Personalmangel Mangel an ausreichend qualifiziertem Personal	Einkauf von Spezialisten Teambildung Training langfristige Personalplanung, insbesondere der Schlüsselkräfte
unrealistische Zeitpläne und Budgets	detaillierte Kosten-und Zeitplanung Vermeidung von "Luxusfunktionen stufenweise Entwicklung (Phasen/Versionen) gezielte Nutzung vorhandener, evtl. auch nicht perfekter Ressourcen
Fehler in der Entwicklung	Analyse der Organisation Erstellung eines Prototyps Einsatz von Simulationssoftware Einbindung des potentiellen Anwenders frühzeitige Erstellung von Pflichtenheften und Benutzerhandbüchern

Fortsetzung Tabelle 2.9

Entwicklung fehlerhafter Schnittstellen der Produkte	Erstellung eines Prototyps Einsatz von Simulationssoftware Analyse der Aufgaben Einbindung des potentiellen Anwenders
Ausstattung des Produkts mit überflüssigen Funktionen	Erstellung eines Prototyps Einsatz von Simulationssoftware Einbindung des potentiellen Anwenders Kosten-Nutzen-Analysen
kontinuierliche Änderungen der Anforderungen durch den Auftraggeber	vertragliche Festlegung der Spezifikation konsequentes Änderungsmanagement
Mängel bei extern gelieferten oder vergebenen Komponenten	Einholen von Referenzen Festpreisverträge konsequente Eingangskontrolle Einbinden der Zulieferer in das Team
zu hohe Erwartungen an die Möglichkeiten	Machbarkeitsstudien Erstellung eines Prototyps Simulation mit Hilfe des Prototyps Einsatz von Simulationssoftware

Im Verlauf eines Projektes können immer wieder neue, noch nicht bekannte Risiken entstehen oder bereits identifizierte Risiken müssen anders bewertet werden. Deshalb werden auch während der Projektdurchführung immer wieder Risikoanalysen durchgeführt.

Tabelle 2.10: Beispiel einer detaillierten Risiko-Checkliste für den Anlagenbau

Risiken aus Abhängigkeiten	**Ausprägung des Risikos** hoch mittel gering		
Abhängigkeit von Lieferanten			
Müssen Billigfirmen oder einheimische Firmen* eingesetzt werden?			
Führt dies zu erhöhtem Engineering und Überwachungsaufwand?			
Sind unter Berücksichtigung des zusätzlichen Aufwands diese "Billiglösungen" noch wirtschaftlich?			
Schreibt der Kunde Lieferanten vor?			
Hat der Kunde eine umfangreiche Lieferantenliste?			

Fortsetzung Tabelle 2.10

Kommen Lieferanten, anders als geplant, aus anderen Ländern kommen, zum Beispiel einheimische Lieferanten*? Hat dies Konsequenzen?			
Gibt es durch einheimische Lieferanten zusätzliche Sprachprobleme oder ähnliches?			
Besteht eine starke Abhängigkeit von Unterauftragnehmern hinsichtlich Engineering oder Montageleistung?			
Sind mangelnde Termintreue, Qualität und Zuverlässigkeit von Unterlieferanten zu erwarten? Hat dies negative Auswirkungen?			

*zum Beispiel Dritte-Welt-Länder als Auftraggeber

Hier können Sie eine kostenlose Strategie-Session buchen oder schreiben Sie mir, wenn Ihnen dieses Buch gefällt und Sie Anregungen oder Fragen haben.

Hier kommen Sie zum kostenlosen Bonusmaterial zum Buch.

Besuchen Sie auch meinen Blog „Selbstführung & Produktivität“. Ich helfe Ihnen, bessere Ergebnisse zu erzielen.

3 Projektdefinition

Ziele suchen

Wege finden

Kleine Schritte gehen

Stolperfalle 1

Wenn überhaupt keine oder nur eine ungenügende Projektdefinition vorhanden ist!

Um den Projektsinn und -ziel präzise zu hinterfragen, muss die Projektidee umfassend von allen Seiten beleuchtet werden. Je mehr offene Fragen frühzeitig abgeklärt werden können, desto erfolgreicher kann das Projekt werden.

Stolperfalle 2

Wenn Zeitpläne und Ressourcen unvollständig oder ungenügend sind!

- Es fehlen wichtige Aktivitäten.
- Die Zeitschätzung für einzelne Aufgaben ist unrealistisch.
- Die Abhängigkeiten zwischen den Aktivitäten werden nicht berücksichtigt.
- Die benötigten Fähigkeiten werden nicht identifiziert.
- Die Arbeitszeit wird nicht detailliert genug

Die Projektdefinition muss nochmals genau durchge führt werden, um die fehlenden Punkte zu klären. Möglicherweise gibt es unterschiedliche Projektvisionen, die zusammengeführt werden müssen.

Vorgehen zur Projektdefinition

1. Studieren, diskutieren und analysieren,
2. das Projekt vorläufig definieren,
3. Notwendigkeiten und Wünsche auflisten,
4. ein Endziel setzen,
5. Alternativstrategien entwickeln,
6. Alternativen bewerten,
7. eine Vorgehensweise wählen.

Dieser Vorgang muss möglicherweise mehrmals durchlaufen werden.

3.1 Ziele der Projektdefinition

Projekte können erst dann konkret bearbeitet und verfolgt werden, wenn klar und bekannt ist, was gewünscht wird.

Um ein Projekt richtig zu definieren, muss das Projektziel möglichst umfassend bekannt sein. Es ist immer notwendig, ein Projektziel möglichst genau zu definieren, denn es gilt: "Wer das Ziel nicht kennt, kann den Weg nicht finden."

Nur die Zielklarheit zeigt, ob das, was im Projekt getan wird, überhaupt relevant für das Projektziel und damit den Projekterfolg ist.

Es gibt zum Beispiel Fragetechniken, die eine methodische Vorgehensweise für die exakte Zielfindung unterstützen. Diese werden in Kapitel 9 ausführlich beschrieben.

3.2 Der Ursprung von Projekten

Projekte entstehen oft aus nicht sehr konkreten Ideen, die einem eher nebenbei einfallen: "Man müsste doch eigentlich mal ...“, "Das müsste doch auch mal untersucht werden...". Man sagt dann schnell ja und ist begeistert und sieht erst später einen Berg von Arbeit auf sich zukommen, den man nicht erwartet hatte.

Deshalb sollte man diese nicht konkreten Ideen erst einmal auf ihre Tragweite und Substanz abklopfen. Dazu werden die einzelnen Schritte möglichst exakt definiert.

Eine gute Methode ist, die W-Fragen zu beantworten: Wer, was, wann, wo, wie, warum?

Projekte entstehen häufig auch aus Problemen oder Gelegenheiten. Im Berufsleben können sie durch die Betriebsleitung, Kunden oder Mitarbeiter eingeleitet werden, im Studium sind die Urheber Dozenten, Studenten oder die Verwaltung. Ein Projekt wird "geboren". Wenn jemand auf ein Problem reagiert oder eine neue Unternehmung starten will, und die Entscheidung fällt, die Problemlösung oder das Unternehmen in Angriff zu nehmen, existiert ein Projekt.

In der Regel wird jemandem die Verantwortung dafür übertragen: dem Projektleiter.

Bei jedem Projekt können Probleme entstehen, die gezielt umgangen werden müssen. Der Urheber eines Projektes ist sich oft nicht völlig über wichtige Aspekte des Projektes klar. Auch die Projektmitarbeiter tendieren dazu, während der Definitions-und Strukturierungsstadien des Projektes persönliche Standpunkte zu stark zu betonen.

Falls derartige persönliche Voreingenommenheiten und Interessensgegensätze unbeachtet bleiben, kann das katastrophale Folgen für das Projekt haben.

Diese Aspekte können jedoch durch die Unterredungen und den Meinungsaustausch zwischen dem Projektmanager, dem Kunden und den Mitarbeitern geklärt werden. Mit dem Verstehen der Erwartungshaltungen ist der Projektleiter in der Lage, mit der Definition des Projektes zu beginnen.

In großen Unternehmen, in denen es eigene Abteilungen für die Angebotserstellung gibt, übernehmen diese diesen Part häufig vollständig und übergeben das Projekt dem Projektleiter erst mit der Auftragserteilung. Besser wäre eine frühzeitige Einbindung des Projektleiters, auch in dieser Phase des Projektes.

3.3 Der Start eines Projektes

Sobald der Kern des Projektteams feststeht, ist die Klärung des Projektes die erste Aufgabe, die zu erledigen ist. Unter den Mitarbeitern wird einerseits über die Definition und den Umfang, andererseits über die grundlegende Strategie der Abwicklung ein Konsens gebildet. Die folgenden sieben Schritte führen zu einem reibungslosen Start des Projektes. Sie können auch mehrmals durchlaufen werden, zum Beispiel, wenn nach dem ersten Durchlauf das Ergebnis noch unbefriedigend ist.

Studieren, Diskutieren und Analysieren

Es ist sehr wichtig, dass das Team ausreichend Zeit mit Studieren, Diskutieren und Analysieren des Projektes hat, da dies jedem eine klare Vorstellung der Problematik verschafft. Es könnte notwendig sein, Nachforschungen bezüglich der Ansätze in anderen Projekten anzustellen, oder es muss untersucht werden, inwiefern andere Erfahrungsmuster zur Projektplanung beitragen könnten.

Der Sinn dieser Tätigkeit ist die Klärung, dass das richtige Problem bzw. die richtige Gelegenheit ins Auge gefasst wird.

Das Projekt definieren

Wenn der Projektleiter die Situation im Griff zu haben glaubt, erstellt er eine vorläufige Projektdefinition. Diese wird natürlich mit dem Eintreffen neuer Information und den neu gemachten Erfahrungen laufend überarbeitet.

Ein Endziel setzen

Entweder muss das Endziel für das Projekt mit Hilfe der Projektdefinition selbst festgelegt werden oder das Endziel ist durch den Auftraggeber von vornherein festgelegt. Danach wird die Machbarkeit mit Hilfe der Projektdefinition überprüft.

Notwendigkeiten und Wünsche auflisten

Zuerst wird eine Liste von den absoluten Notwendigkeiten (need to have) erstellt, die im Endresultat des erfolgreich abgeschlossenen Projektes verwirklicht sein müssen. Danach kann eine zweite Liste die zusätzlichen Wünsche (nice to have) auflisten, deren Verwirklichung zwar nicht unbedingt zum erfolgreichen Abschluss des Projektes erforderlich ist, aber ihn vergrößern würde.

Alternativstrategien entwickeln

Zur Lösungsstrategie werden nun Alternativstrategien entwickelt, die ebenfalls zum Ziel führen könnten. Um diese Alternativen zu finden, empfiehlt es sich, Kreativitätsmethoden einzusetzen, wie das Abhalten von Brainstorming-Sitzungen oder das Erstellen von Mind-Maps, um das gesamte kreative Potential des Projektteams zu nutzen (Kapitel 9).

Alternativen bewerten

Die Bewertung der so gefundenen und ausgearbeiteten Alternativstrategien ist der nächste Schritt. Dabei ist sicherzustellen, dass die gewählten Bewertungskriterien, zum Beispiel eine Marketingstudie oder eine Risikoanalyse, realistisch sind und das Endziel wiederspiegeln.

Eine Vorgehensweise wählen

Diese Bewertung erlaubt nun, eine Vorgehensweise objektiver auszuwählen, die der Projektdefinition sowie dem Endziel am besten entspricht.

3.4 Machbarkeitsstudie (Feasibility Study)

Bevor ein groß angelegtes Projekt angefangen wird, sollte eine Machbarkeitsstudie (Feasibility Study) erstellt werden, um die vorläufige Strategie zu überprüfen und natürlich auch, um die grundlegende Frage: "Wird es funktionieren?" zu beantworten. Je nach der Art des Projektes kommt dafür eine der folgenden drei Alternativen in Frage: die Durchführung einer Marktstudie, eines Pilottests oder einer Computersimulation.

Die in die Machbarkeitsstudie investierten Mittel müssen natürlich in Proportion zu den für das Projekt vorgesehenen Kosten stehen. So ist für ein Unternehmen, das eine neue Produktionsstätte für € 200 Mio. plant, eine Marktstudie für € 200 000.-eine angemessene Investition, um das Projektrisiko zu untersuchen.

Am anderen Ende der Skala steht zum Beispiel eine Metzgereikette mit kleinem regionalen Filialnetz, die plant, eine neue Wurstspezialität einzuführen. Die Marktstudie für dieses Produkt beschränkt sich auf einen Test, an dem nur wenige Filialen beteiligt sind. Die Verkaufszahlen einer Woche alleine sind ein gutes Indiz für das Marktpotential dieser neuen Delikatesse. Die relativ geringe Investition in die lokale Werbung und die Herstellung selbst liefert die gewünschten Informationen.

3.4.1 Marktstudie

Falls durch das Projekt ein neues Produkt auf den Markt gebracht werden soll, muss sein Marktpotential erforscht werden. Marktforscher fragen die zukünftigen Kunden, ob das Produkt ihre gegenwärtigen tatsächlichen oder potentiell wahrgenommenen Bedürfnisse erfüllt. Es können zusätzlich auch ähnliche Produkte untersucht werden, die sich bereits auf dem Markt befinden, um so Rückschlüsse auf die Chancen des geplanten Produktes zu ziehen.

3.4.2 Pilottest oder Prototyp

Ein Pilottest oder der Bau eines Prototyps ist ein klein angelegter Probelauf des Projektes. Dabei kann es sich um einen beschränkten Markttest oder um ein 1:100-oder gar ein 1:1-Modell des Produkts handeln. Diese teilweise sehr aufwendigen Tests bieten die Möglichkeit, das Projektergebnis unter realistischen Bedingungen zu analysieren.

Dies ist bei technischen Neuentwicklungen oft unumgänglich.

3.4.3 Computersimulation

Dank der heutigen Technologien können viele Projekte als Computermodelle virtuell dargestellt werden. So kann zum Beispiel das Verhalten eines Produktes aufgrund der Analyse genauestens untersucht werden.

Das statische und dynamische Verhalten von Bauwerken oder Maschinen werden durch mathematisch-numerische Berechnungen eruiert. Diese Computersimulation wird in so unterschiedlichen Bereichen wie Aero-und Thermodynamik oder optischem und mechanischem Design verwendet. In vielen Fällen assistiert heute der Computer bei dem eigentlichen Entwurf des Produktes.

Hauptzweck einer Simulation ist es, potentielle Probleme schon vor dem Bau eines Prototypen zu erkennen und nicht erst am Prototypen selbst. Dieser wird dann nahezu perfekt sein und keine wesentlichen Änderungen mehr haben.

Die Entwicklungszeiten von Neuentwicklungen verkürzen sich dabei drastisch.

3.4.4 Studienresultate verwerten

Wenn das Resultat einer gut durchdachten und ausgeführten Machbarkeitsstudie gut ist, kann die detaillierte Planung und Durchführung des Projektes beginnen.

Falls das Resultat entmutigend ist, werden die gewonnenen Daten für eine Überarbeitung des Projektes verwendet, wieder gefolgt von einer weiteren Machbarkeitsstudie. Auch wenn dieser Ablauf öfters wiederholt werden muss, wird nur so ein erfolgversprechendes Projektkonzept entwickelt.

3.5 Testen Sie Ihre Fortschritte

An dieser Stelle sollten Sie kurz innehalten und mit Tabelle 3.1 Ihr bisher über Projekte gewonnenes Wissen rekapitulieren.

Tabelle 3.1: Test zum 3. Kapitel: Welche Aussagen sind richtig oder falsch?

Nr.	Frage	richtig	falsch
1	Ein Projekt ist ein fortlaufendes, bzw. unbegrenztes Unterfangen.	☐	☐
2	Qualität ist bei Projekten nicht wichtig.	☐	☐
3	Der rechtzeitige Abschluss des Projektes ist ein wichtiger Parameter des Projektmanagements.	☐	☐
4	Das Projektteam muss vor Beginn das Projekt klar definieren.	☐	☐
5	Brainstorming ist für das Projektmanagement irrelevant.	☐	☐
6	Es ist unwichtig, den vorgegebenen Budgetrahmen einzuhalten.	☐	☐
7	Die Grundstrategie muss vor der Durchführung des Projektes geprüft werden	☐	☐
8	Um die Strategie zu prüfen, kann ein Pilottest verwendet werden	☐	☐

Fortsetzung Tabelle 3.1

9	**Computersimulationen können die Machbarkeit von Projekten nachweisen.**	☐	☐
10	**Projektmanagement unterscheidet sich kaum von anderen Management-Anwendungen.**	☐	☐

1	2	3	4	5	6	7	8	9	10
f	f	r	r	f	f	r	r	r	f

Aufgabe

- Zeigen Sie die Merkmale eines Projektes auf.
- Nennen Sie typische Projektphasen.
- Welche Maßnahmen können ein Projekt erfolgreicher machen?
- Formulieren Sie fünf Fragen, die zur Beurteilung des richtigen Personaleinsatzes dienen.

4 Projektplanung

Es geht um das Nachdenken an sich, und gar nicht so sehr um das Ergebnis des Nachdenkprozesses.

Stolperfalle 3

Wenn die Schlüsselinformationen nicht schriftlich festgelegt sind!

In einem Projekt laufen viele Informationen auf, die protokolliert werden müssen, da sie niemand allesamt im Kopf behalten kann. Zudem sind schriftlich fixierte Vereinbarungen verbindlicher als mündliche Zusagen

Im Job Procedure Handbook werden alle Abläufe, Verantwortlichkeiten und Schlüsselinformationen schriftlich festgehalten.

Die Planung ist für die Projektleitung entscheidend. Alles, was für den erfolgreichen Abschluss des Projektes in Bezug auf die Dimensionen Qualität, Zeit und Kosten nötig ist, muss detailliert festgehalten werden. Jede dieser drei Dimensionen wird im Folgenden mit einigen Hilfsmitteln und Techniken behandelt.

4.1 Planungsschritte

Dazu gehören im Einzelnen folgende Planungsschritte:

- Das Ziel des Projektes festlegen.
- Eine grundlegende Strategie auswählen, um das Ziel zu erreichen.

- Das Projekt in Einzelschritte unterteilen.
- Die Leistungskriterien für jeden Einzelschritt festlegen.
- Die benötigte Zeit für jeden Einzelschritt festlegen.
- Die richtige Reihenfolge für den Abschluss der Einzelschritte festlegen und diese Informationen in einen Zeitplan für das gesamte Projekt übertragen.
- Die Kosten für die Einzelschritte errechnen und das Budget des Projektes bestimmen.
- Den Personalstrukturplan mit den dazugehörigen Stellenbeschreibungen festlegen.
- Für das Projektteam eventuell notwendige Mitarbeiterschulungen festlegen.
- Notwendige Richtlinien und Handlungsweisen entwickeln (Job Procedure Book).

Es kann passieren, dass auch diese Schritte wiederholt werden müssen, wenn sich am Ende der Planung herausstellt, dass eine oder mehrere Projektdimensionen überschritten werden, zum Beispiel die Gesamtkosten des Projektes, das Budget.

Es kann am Projektanfang auch sein, dass wichtige Daten und Preise noch fehlen. Dann müssen sie so realistisch wie möglich geschätzt werden. Die korrekten Daten werden dann später in die Planung eingefügt. Dafür benötigt der Projektleiter Erfahrung: seine Eigene, die von Spezialisten und die aus früheren Projekten. Diese Erfahrungen werden im Projektabschluss (Kapitel 7) zusammengetragen.

4.2 Die drei Projektparameter planen

4.2.1 Die Qualitätsdimension planen

Bei der Qualitätsplanung müssen alle Details des Projektes beachtet werden, denn das Ziel dieser Planung ist, die Leistung und Funktionalität des Produktresultats zu garantieren und objektiv bewerten zu können.

Stolperfalle 4

Wenn die Zielvorgaben zu vage sind!

Hier muss die Projektdefinition noch einmal durchgearbeitet werden, um die Zielvorgabe zu verdeutlichen.

Dabei können Kreativitätstechniken wie Brainstorming, Mindmapping oder eine Recherche helfen.

Durch eine genaue Zieldefinition wird das Warum des Projektes erfasst und das Wie des Prozesses geklärt.

Zum Beispiel reicht die Beschreibung „roter Farbanstrich" nicht. Es wird genau beschrieben, mit welcher Farbe, zum Beispiel der RAL-Nummer, welche Qualität, welcher Farbauftragsdicke, etc. gearbeitet werden muss.

Der Qualitätsplan legt auch die Leistungsmerkmale, bzw. -kriterien fest, nach denen das Projektresultat endgültig nach Abschluss bewertet wird.

Um die Qualitätsdimension zu planen, sind drei Dinge erforderlich:

- die Spezifikationen für die verwendeten Materialien (Qualität, Sorte),
- die Leistungsmaßstäbe, denen entsprochen werden soll, und
- die Verfahren, mit denen die Qualität zu prüfen und sicherzustellen ist.

Zwei Techniken ermöglichen die Qualitätsplanung:

- ein Strukturplan und
- die Erstellung von Projektspezifikationen.

In der Technik werden dazu häufig schon in der Angebotsphase Lasten-, bzw. Pflichtenhefte erstellt, die die Qualität und die Anforderungen des Projektergebnisses beschreiben.

4.2.1.1 Einen Strukturplan erstellen

Der Strukturplan bildet den Ausgangspunkt für die Planung der drei Projektparameter Qualität, Kosten und Zeit.

Das Unterteilen eines Projektes in Einzelschritte oder Arbeitsabschnitte beruht auf dieser Technik. Dann sind alle Elemente bekannt, die zum Abschluss des Projektes notwendig sind. Die Möglichkeit, wichtige Schritte zu vergessen oder zu vernachlässigen, wird dadurch minimiert.

Ein Strukturplan gliedert das Projekt in mehrere Ebenen. Je komplexer ein Projekt ist, desto tiefer wird strukturiert.

Es werden logische Unterteilungen des Projektes gesucht und diese dann weiter zerlegt. Zum Beispiel wird eine Produktionsanlage in ihre Anlagenteile unterteilt, weil für die Bearbeitung und besonders für Sicherheitsmaßnahmen der räumliche Überblick erforderlich ist. Das

Ziel ist, eigenständige Arbeitsabläufe festzuschreiben, die das Projekt seiner Fertigstellung näherbringen.

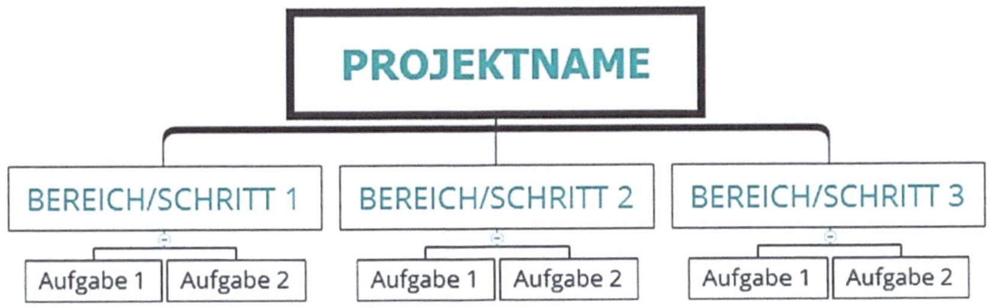

Bild 4.1: Musterstrukturplan

Bild 4.2 zeigt den Strukturplan der Baumaßnahme einer Maschinenhalle (Hallenbauprojekt). Darin sind die wichtigsten Bestandteile der Baumaßnahme unterteilt. Damit wird die Struktur des Projektes sichtbar.

Dieses Projekt wird im Folgenden immer wieder als Beispielprojekt aufgegriffen. Die Projektdefinition des Hallenbauprojekts ist: Schaffung von Produktionsfläche durch den Bau einer Maschinenhalle im Zeitraum von 3 Monaten und den Kosten von maximal 350.- TEUR.

Aufgabe

Wählen Sie das Projekt aus Aufgabe in Kapitel 2.3, das Sie abgeschlossen haben oder abzuschließen planen. Teilen Sie dieses Projekt in Einzelschritte auf und erstellen Sie dann einen Strukturplan, der die Verknüpfungen zwischen diesen Einzelschritten zeigt.

Aber nicht nur technische Probleme lassen sich mit Hilfe des Strukturplans besser erfassen. Bild 4.3 zeigt den Strukturplan einer vietnamesischen Hochzeitsfeier, die in wirklich großem Stil gefeiert wird.

(Die Kosten werden durch die üblichen Geldgeschenke der Gäste getragen.)

Bild 4.2: Fallstudie: Hallenbaumaßnahme; Strukturplan; Zeit:3 Monate; Kosten 350.-TEUR

4.2.1.2 Projektspezifikationen erstellen

Ausgehend vom Strukturplan können nun für alle Einzelschritte die Projektspezifikationen (Tabelle 4.1) erstellt werden. Diese beinhalten alle relevanten Anforderungen, um der Qualitätsdimension des Projektes zu entsprechen. Zum Beispiel sind dies die verwendeten Materialien, die Leistungskriterien und die entsprechenden Maßnahmen, diese Merkmale zu überprüfen.

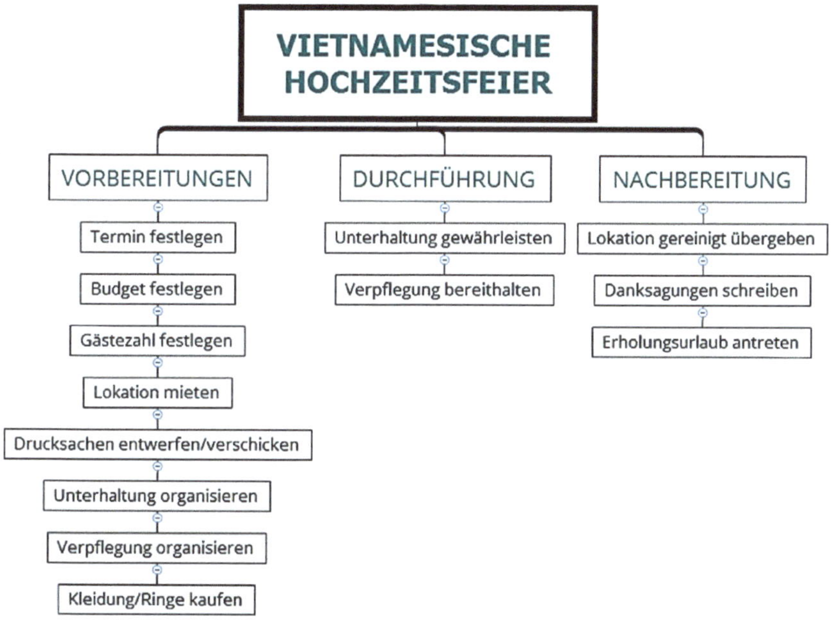

Bild 4.3: Fallstudie: Vietnamesische Hochzeitsfeier; Strukturplan; Zeit: 1 Jahr; Kosten: 30.-TEUR

Die Aufstellung wird äußerst sorgfältig durchgeführt, da sie die Grundlage der Leistungsüberwachung bei der Projektdurchführung ist und sowohl den Zeitplan als auch das Budget direkt beeinflusst.

Tabelle 4.1: Fallstudie Hallenbaumaßnahme; Beispiel der Projektspezifikation für die Fundamente

Eine 10 cm dicke Betonplatte über eine kompakte, 15 cm dicke Sandfüllung gießen. Diese mit Bewehrungsmatten laut Statik verstärken. Eine 0,6 mm starke Polyäthylen-Membrane als wasserabweisende Barriere zwischen Sand und Beton auflegen.
Laut Zeichnungen um die Ränder des Fundaments und unter die tragenden Mauern Betonbalken □ 30 x 45 cm verlegen. Die Balken mit

Bewehrungsstahl ∅ 6 verstärken, die mit Bügeln ∅ 3 auf 75 cm starken Mittelteilen in jeder Ecke platziert werden.
Der Beton hat nach 28 Tagen 250 N/mm2 Festigkeit.

4.2.2 Die Zeitdimension planen

Die Zeitdimension eines Projektes wird untersucht, um den kürzest möglichen Zeitablauf und Zeitraum für ein Projekt zu finden.

Anhand des Strukturplans wird für jeden Einzelschritt des Projektes die notwendige Zeit ermittelt, zum Teil durch Schätzung, wenn nichts anderes bekannt ist. Danach wird die Reihenfolge dieser Einzelschritte festgelegt, bzw. die Einzelschritte werden herausgesucht, die parallel zueinander laufen können.

Auf der Basis dieser Analyse werden die drei wichtigsten Zeitparameter festgelegt:

- die Dauer jedes Einzelschrittes,
- den frühesten Zeitpunkt für den Anfang eines Einzelschrittes,
- den spätesten Zeitpunkt für den Anfang eines Einzelschrittes.

Zum Planen der Zeitdimension wird die Kenntnis über die Dauer der Einzelschritte benötigt. Wenn der Projektleiter keine ausreichenden Sachkenntnisse hat, muss er die Dauer mit einem Fachmann des Projektteams oder einem Spezialisten von außen erarbeiten. Wenn es nicht anders geht, wird, anstatt ganz exakte Werte anzugeben, zunächst eine Zeitspanne mit einer gewissen Bandbreite angenommen und später exakt eingetragen, wenn weitere Informationen vorhanden sind.

4.2.2.1 Modelle zur Zeitkontrolle

Sobald die Zeitdauer für jeden Einzelschritt des Projektes entschieden ist, können der früheste und der späteste Anfangszeitpunkt für jeden Einzelschritt bestimmt werden.

In der Praxis werden zwei Methoden angewandt, um das Projekt grafisch darzustellen:

- die GANTT-Charts /4.1/ und
- die PERT-Diagramme.

4.2.2.2 GANTT-Charts

Das GANTT-Chart stellt die zeitlichen Verknüpfungen der Einzelschritte eines Projektes als horizontales Balkendiagramm graphisch dar. Jeder Einzelschritt wird durch eine Linie dargestellt, deren Länge die Zeitdauer des Vorgangs ist, in der dieser Einzelschritt ausgeführt werden soll. Das vollständige GANTT-Chart zeigt dann den Ablauf der einzelnen Aktivitäten hintereinander, sowie jene, die gleichzeitig ablaufen können.

Um das Chart zu erstellen, werden alle Einzelschritte mit der geschätzten Dauer aufgelistet, die für den Abschluss des Projektes notwendig sind. Dazu wird in der Höhe des jeweiligen Einzelschritts ein Balken für dessen Dauer (Bild 4.4) gezogen.

Manche parallel verlaufende Einzelschritte von unterschiedlicher Dauer können gleichzeitig gelegt werden. Dadurch ist man für den Anfangszeitpunkt der Einzelschrittes flexibler, solange sichergestellt ist, dass diese Einzelschritte rechtzeitig fertiggestellt werden. Dann können sie an die nachfolgenden Schritte angebunden werden. So entstehen Zeitpuffer, die im Diagramm als gestrichelte Linien dargestellt werden. Sie werden bis zu dem Zeitpunkt weitergeführt, an dem der Einzelschritt unbedingt abgeschlossen sein muss, um den Gesamtzeitplan zu gewährleisten.

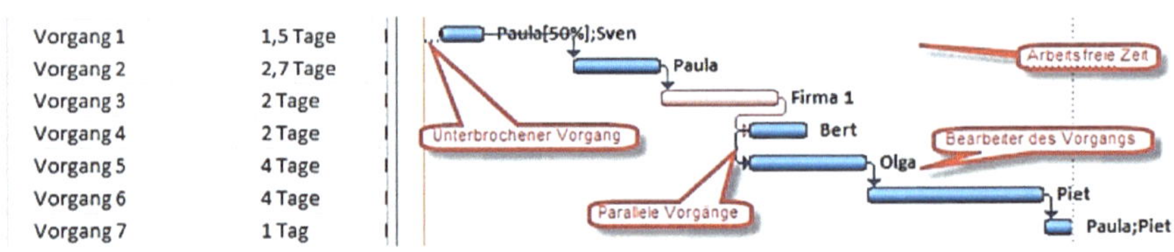

Bild 4.4: Beispiel eines GANTT-Charts

Aus einem GANTT-Chart können

- die minimale Gesamtdauer des Projektes,
- die richtige Reihenfolge der Einzelschritte und
- die Gleichzeitigkeit einzelner Schritte abgelesen werden.

Die Nützlichkeit eines GANTT-Charts kann jedoch noch erhöht werden, wenn neben den geplanten Daten für den Anfang und das Ende der Einzelschritte des Projektes in einer anderen Farbe die wirkliche Dauer der Arbeitsabläufe eingetragen wird. So kann festgestellt werden, ob das gesamte Projekt nach Zeitplan läuft.

In Projektmanagement-Programm MS Project® (Kapitel 8) erstellt man dazu einen Basisplan und kann dann im Überwachungsmodus arbeiten. Das zum Einpflegen der Daten erfordert zusätzliche Zeit.

In kleinen Projekten reicht oft es auch, den Einzelschritt im Plan abzuhaken oder auszustreichen.

Im folgenden Bild 4.5 wird das GANTT-Chart für die Fallstudie Hallenbaumaßnahme über den geplanten Zeitraum dargestellt.

In der folgenden Tabelle 4.4 werden die Einzelschritte mit den geplanten Zeitdauern beschrieben.

Tabelle 4.4: Fallstudie: Hallenbaumaßnahme; GANTT-Chart; Projektschritte mit Zeitschätzung

Nr.	Projektschritt	Zeit [t]
1.	Arbeitspläne zeichnen	15
2.	Baugenehmigung einholen	16
3.	Fundament schalen und betonieren	5
4.	Rahmen für Wände und Dach aufstellen	5
5.	Dach decken	5
6.	Fenster einbauen	1
7.	Außenseiten aufstellen	10
8.	Außenseiten streichen	3
9.	Elektrisches Netz verlegen	10
10.	Heizungs-/Klimaanlage installieren	5
11.	Isolierung einbauen	5
12.	Innenverkleidung einbauen	5

Fortsetzung Tabelle 4.4

13.	Innentüren einbauen	5
14.	Innenräume streichen	3
15.	Elektrische Anlagen installieren	2
16.	Gebäude reinigen	3
17.	Böden verlegen	2

Wichtig bei der Beschreibung dieser Einzelschritte ist, den Vorgang möglichst umfassend und eindeutig zu beschreiben. Das bedeutet im Klartext: es muss "(die) Fenster einbauen" heißen, also mindestens Subjekt und Verb enthalten, um tatsächlich das auszudrücken, was gemeint ist. Das Substantiv "Fenster" alleine wird nicht genügen, denn es könnte zum Beispiel auch "(die) Fenster verglasen" gemeint sein, und das Wort "einbauen" allein genügt ebenfalls nicht, denn es könnte auch etwas ganz anderes eingebaut werden, zum Beispiel die Heizung.

4.2.2.3 PERT-Diagramme

PERT ist die Abkürzung für **P**rogram **E**valuation and **R**eview **T**echnique (Programmbewertungs-und -übersichtstechnik). Es ist eine höherentwickelte Planungsform als die mit GANTT-Charts und eignet sich besonders für Projekte mit vielen, voneinander unabhängigen Schritten.

Das PERT-Diagramm beinhaltet 3 Komponenten:

- Ereignisse werden durch Ereignisknoten dargestellt, zum Beispiel Kreise (Bild 4.5) oder andere Figuren,

- Aktivitäten und deren Dauern werden durch Pfeile zwischen den Ereignisknoten dargestellt,
- Abhängigkeiten, die zwei Ereignisse verbindet, für die aber kein Arbeitsaufwand anfällt, werden durch gestrichelte Linien dargestellt (Bild 4.6).

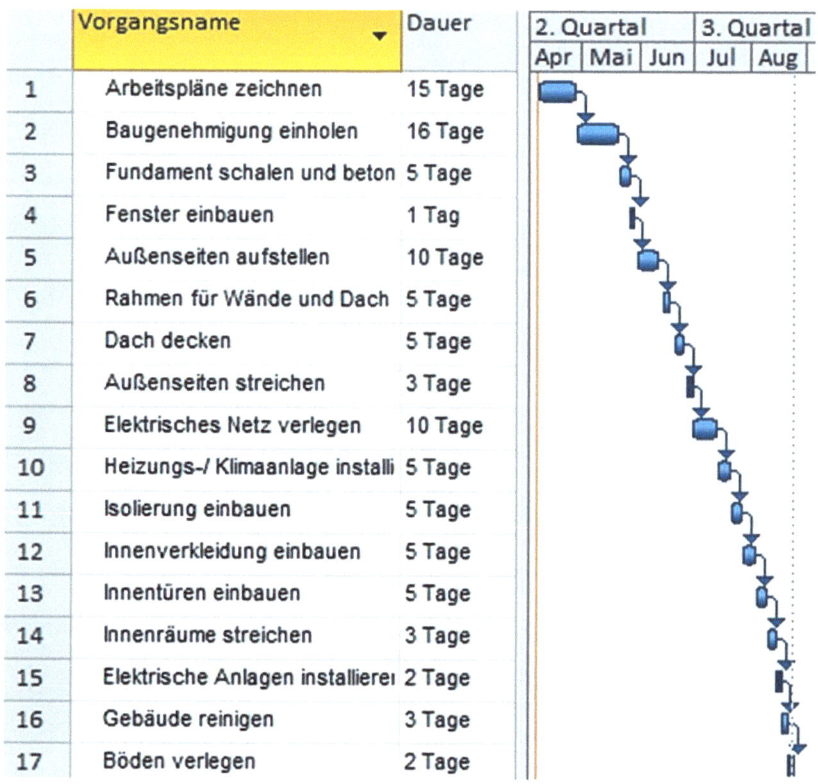

Bild 4.5: Fallstudie Hallenbaumaßnahme; GANTT-Chart; Projektschritte

Am häufigsten zeigen PERT-Diagramme die für den Abschluss einer Tätigkeit geplante Zeitdauer an. Die Zeitdauer wird in geeigneten Einheiten angegeben, die der Projektgröße entsprechen, zum Beispiel Tage, aber auch Stunden, Wochen oder Monate.

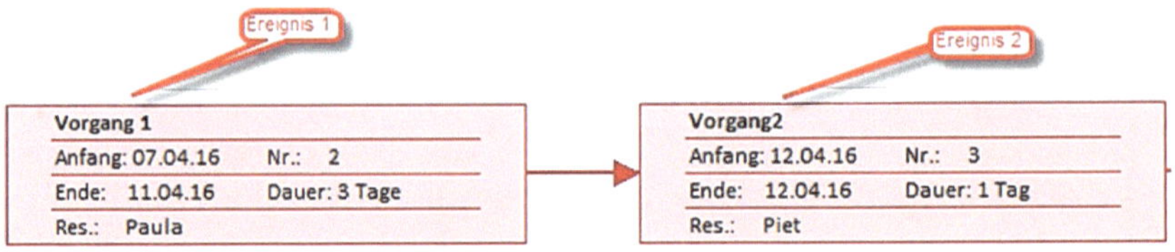

Bild 4.6: Prinzip eines PERT-Diagramms

Die ausgereiftesten PERT-Diagramme werden auf der Zeitskala gezeichnet, bei der die Länge der Pfeile genau der Zeitdauer der Aktivität entspricht. Bei einer maßstabsgetreuen Zeichnung werden allerdings manche Pfeile länger werden, als sie für die Tätigkeit tatsächlich benötigt werden. Diese Verlängerungen stellen dann die Zeitpuffer des Projektes dar. Die Pfeile werden am Ende des tatsächlich benötigten Zeitraumes mit einem deutlichen Punkt markiert und dann bis zum nächsten Ereignis gestrichelt verlängert (Bild 4.7).

Zur Erstellung eines PERT-Diagramms werden alle Einzelschritte, die zum Abschluss des Projektes notwendig sind, aufgezählt und deren Dauer ebenfalls vorab abgeschätzt. Dann wird ein Netz von Verbindungen zwischen diesen Einzelschritten gezeichnet, wobei die Reihenfolge korrekt eingehalten werden muss. Die Nummern der Einzelschritte werden in die Ereignisknoten übertragen, die Zeitdauer bis zum Abschluss des folgenden Einzelschritts wird auf dem Pfeil notiert. Die Einzelschritte, die gleichzeitig stattfinden, werden auf verschiedenen Pfaden eingetragen. Zum Schluss wird kontrolliert, ob alle Einzelschritte im Diagramm eingetragen sind.

Ein PERT-Diagramm zeigt nicht nur die Beziehungen zwischen verschiedenen Einzelschritten im Projekt, sondern es ist auch eine Möglichkeit, den kritischen Pfad zu berechnen.

Der kritische Pfad ist der längste zeitliche Weg durch das Netzwerk des PERT-Diagramms und zeigt die notwendigsten Arbeitsschritte, deren rechtzeitiger Abschluss für das Fortkommen des Projektes unentbehrlich ist. Wenn diese Zeiten nicht eingehalten werden können, verlängert sich das Projekt automatisch. In Bild 4.8 wird der kritische Pfad durch die durchgezogenen Pfeillinien dargestellt.

Das PERT-Diagramm wird während des Projektes als Kontrollinstrument eingesetzt. Die abgeschlossenen Schritte können zum Beispiel im Diagramm farbig markiert werden. Die zur Fertigstellung benötigte Zeit wird neben der geplanten farbig eingetragen, um entlang des kritischen Pfades den eigentlichen Fortschritt des Projektes darzustellen.

In Tabelle 4.5 sind die zum PERT-Diagramm in Bild 4.7 gehörigen Projektschritte mit ihrer Zeitangaben aufgelistet.

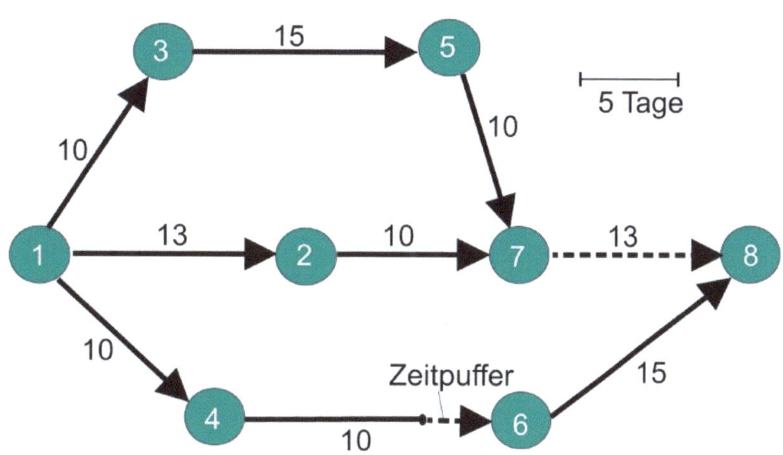

Bild 4.7: Elemente eines PERT-Diagramms

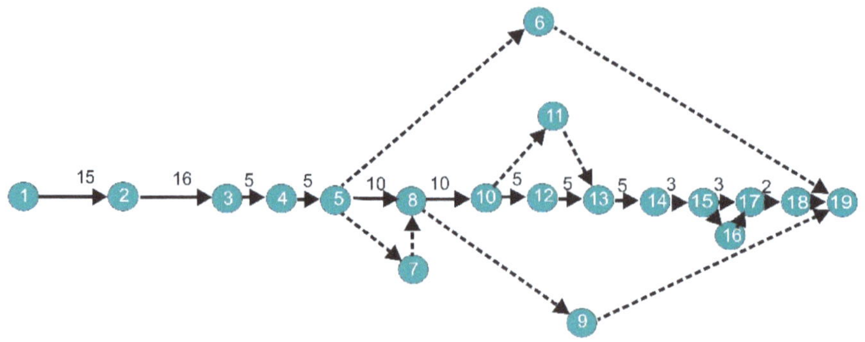

Bild 4.8: Fallstudie Hallenbaumaßnahme; PERT-Diagramm

In Tabelle 4.6 werden die Einzelschritte für eine Finite-Elemente-Untersuchung (FEM) zur Berechnung der Eigenfrequenzen eines Bauteils mit MS Project® angegeben. Neben der Zeitdauer können hier unter vielen anderen Möglichkeiten die Abhängigkeiten der Einzelschritte untereinander (Vorgänger (VG), Nachfolger (NF)), die jeweiligen Einzelschrittkosten und die jeweiligen Projektmitarbeiter, auch deren prozentuale Anteile, mit Zeit-und Kostenschätzung, sowie Fertigstellungsgrad angegeben werden.

Um die Kosten zu erhalten, werden im Ressourcenplan für jeden Projektmitarbeiter der Stundensatz, die reguläre Arbeitszeit, die Überstundenentlohnung usw. eingegeben.

Tabelle 4.5: Fallstudie: Hallenbaumaßnahme; Projektschritte mit Zeitangaben

Nr.	**Projektschritt**	**Zeit [t]**
1.	Projektbeginn	-
2.	Arbeitspläne fertiggestellt	15

Fortsetzung Tabelle 4.5

3.	Baubewilligung erhalten	16
4.	Fundament betoniert	5
5.	Wände und Dachrahmen aufgestellt	5
6.	Dach fertiggestellt	5
7.	Fenster eingebaut	1
8.	Außenseiten aufgestellt	10
9.	Außenseiten gestrichen	3
10.	Elektrisches Netz verlegt	10
11.	Heizungs-/Klimaanlage installiert	5
12.	Isolierung fertiggestellt	5
13.	Innenverkleidung angebracht	5
14.	Innentüren eingebaut	5
15.	Innenräume gestrichen	3
16.	Elektrische Anlagen installiert	5
17.	Reinigung abgeschlossen	3
18.	Böden verlegt	2
19.	Projektabschluss	-

Tabelle 4.6: Fallstudie: Finite-Elemente-Berechnung; GANTT-Chart

	Vorgangsname	**Dauer**	**NF**	**Anfangstermin**	**Endtermin**	**Fertigstellungsgrad (%)**	**VG**	**Kosten (€)**	**Bearbeiter**
1.	Modellierung erstellen	4,77t		Fr 10.07.	Sa 18.07.	65		1.269	Ph;P
2.	FEM-Modell erstellen	0,43t	3	Fr 10.07.	Fr 10.07.	0		121	Ph[50 %];P[50%];K[10%]
3.	Statiklauf durchführen	1,07t	4	Fr 10.07.	Sa 11.07.	100	2	242	Ph[90 %];K[10%]
4.	Statiklauf kontrollieren	0,5t	5; 6	So 12.07.	Mo 13.07.	0	3	125	K
5.	Korrekturen einarbeiten	0,5t		Mo 13.07.	Mo 13.07.	80	4	75	Ph
6.	Diskussion mit Firma EDV führen	0,5t	7	Mo 13.07	Mo 13.07.	100	4	370	K

Fortsetzung Tabelle 4.6

7.	Korrekturen einarbeiten	0,5t	9	Di 14.07.	Sa 18.07.	60	6	75	Ph
8.	Eigenfrequenzberechnung durchführen	3,17t		Mi 15.07.	Mo 20.07.	53		538	PH;K
9.	Eigenfrequenzberechnung durchführen	3t	10AA	Mi 15.07.	So 19.07.	70	7	748	Ph[80%];K[20%]
10.	Diskussion mit Firma EDV führen	0,5t		Mo 20.07.	Mo 20.07.	0	9AA+1t	370	K
11.	Korrekturen einarbeiten	0,5t		Mo 20.07.	Mo 20.07.	0	9AA	75	Ph
12.	Ergebnisdarstellung erarbeiten	2t		Mo 20.07.	Mi 22.07.	0		1340	K
13.	Bericht erstellen	1,33t	14	Mo 20.07.	Di 21.07.	0		910	Ph[20%];K
14.	Abgabe	1t		Di 21.07.	Mi 22.07.	0	13	75	K

Im folgenden GANTT-Chart (Bild 4.9) wird der Ablauf der Einzelschritte als Balkendiagramm dargestellt. Die fertiggestellten oder teilweise fertiggestellten Einzelschritte werden in blau dargestellt, die noch nicht bearbeiteten Einzelschritte oder deren Teile sind rot dargestellt.

In Bild 4.10 sieht man das PERT-Diagramm MS Project®. Allerdings lässt es sich nicht immer "vollautomatisch" per Knopfdruck aus dem GANTT-Chart erstellen. Der Projektleiter muss die Zusammenhänge selbst herstellen, falls er mit GANTT-Balken-Rollups (eine Art Überschrift; dicke Balken in Bild 4.8) gearbeitet hat.

4.2.3 Die Kostendimension planen

Heute ist es unumgänglich, die Projektkosten sehr genau und umsichtig zu planen. Wenn die Kosten zu hoch eingeschätzt werden, könnte der Auftrag verlorengehen, weil das Angebot nicht konkurrenzfähig ist. Setzt man aber die Kosten zu niedrig an, wird man im Laufe des Projektes merken, dass das Projekt wesentlich mehr Ressourcen erfordert und man mehr investieren muss, um das Projekt zu Ende zu bringen.

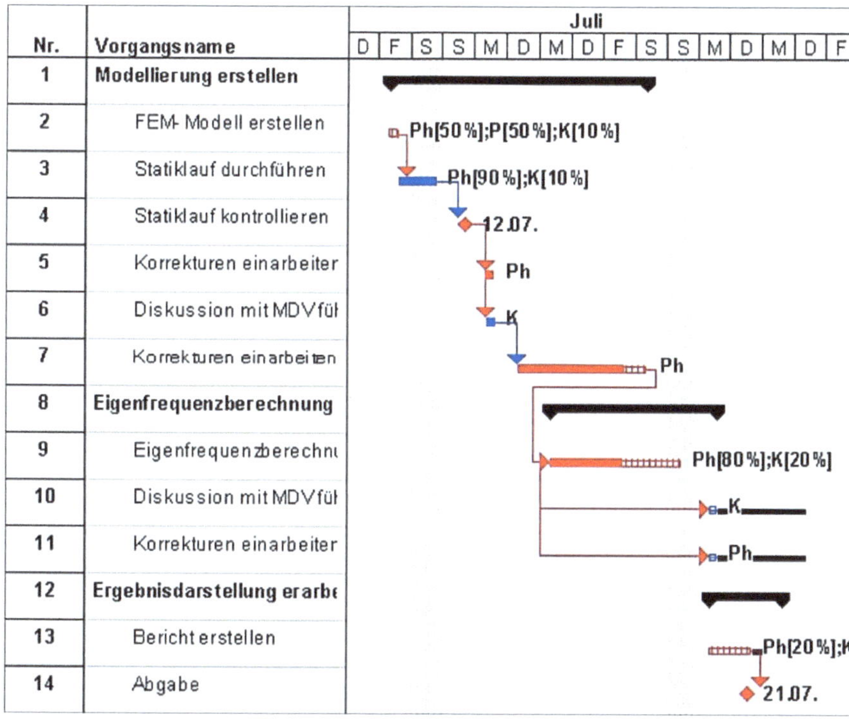

Bild 4.9: GANTT-Chart in MS Project®

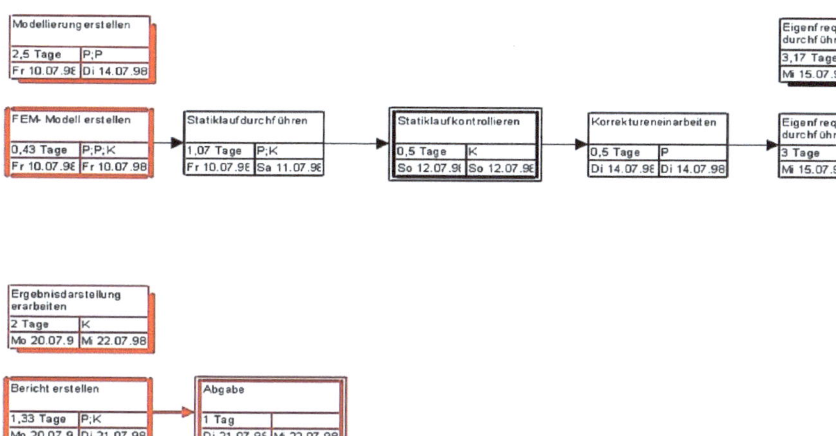

Bild 4.10: Ausschnitt aus einem PERT-Diagramm in MS Project®

Um einen guten Strukturplan zu erhalten, müssen die kostengünstigsten Materialien und Geräte über Anfragen ausgewählt, sowie andere gründliche Recherchen gemacht werden, um die tatsächlich entstehenden Kosten realistisch einzubringen.

Weiter hat das Budget des Projektes die Funktion, die Ausgaben während des Projektablaufs zu überwachen, damit sichergestellt ist, dass die Kosten im geplanten Rahmen bleiben.

Natürlich sind nicht alle Ungenauigkeiten beim Erstellen eines vorläufigen Budgets auszuschließen, zum Beispiel durch fehlende Kenntnisse eines Einzelschrittes, wenn er zum ersten Mal durchgeführt wird. Allerdings sollte darauf geachtet werden, dass diese Ungenauigkeiten nicht durch Nachlässigkeit beim Erstellen des Budgets entstehen. Die Erstellung des Kostenplans sollte so realistisch wie irgend möglich sein.

Es ist sinnvoll, die Kosten erst dann abzuschätzen, wenn die Zeitdimensionen bekannt sind, da die Arbeitskosten häufig die wichtigste Kostenkategorie darstellen. Damit basiert die Entwicklung des Projektbudgets auf dem Struktur-und Zeitplan.

Im Folgenden werden die einzelnen Kostenkategorien aufgeführt:

- Arbeitskosten: die Löhne und Gehälter aller direkt am Projekt arbeitenden Arbeiter und Angestellten für die dafür aufgewendete Zeit
- Gemeinkosten: Arbeitgeberabgaben und Nebenleistungen für die Projektmitarbeiter (i. allg. ein Prozentsatz der Gesamtlohnkosten)
- Materialkosten: die Kosten aller Gegenstände, die im Projekt verbraucht werden, zum Beispiel Bauholz, Zement, Kabel
- Ausrüstungskosten: Kosten von Werkzeugen, Geräten, Büroartikeln, etc., die im Projekt benötigt werden; bei einer Nut-

zung einer Einrichtung über die Projektdauer müssen die Kosten möglicherweise über die Dauer umgelegt werden

- Gerätemieten: die Mietkosten für Großgeräte, zum Beispiel Gerüstmaterial, Kompressoren, Kräne
- Nebenkosten: die Kosten für Management und unterstützende Dienste wie Einkauf, Buchhaltung, Sekretariat, etc., für die dem Projekt gewidmete Zeit (i. allg. ein Prozentsatz der Gesamtprojektkosten)
- Gewinn: der Gewinn bei einem erfolgreichen Abschluss des Projektes (i. allg. ein Prozentsatz der Gesamtprojektkosten)

Wenn die einzelnen Kostenkategorien festgestellt sind und das Projekt in Einzelschritte aufgeteilt ist, wird ein Arbeitsbogen erstellt, um die Kosten für das gesamte Projekt festzulegen. In Tabelle 4.7 wird dies für die Fallstudie: Hallenbaumaßnahme dargestellt.

Die Kosten der Einzelschritte, die zum Beispiel an einen Unterauftragnehmer vergeben werden, sind im Allgemeinen viel einfacher einzuschätzen als die eigenen, weil heute die meisten Aufträge zum Festpreis vergeben werden. Diese Kosten setzen sich dann aus dem vereinbarten Preis, dem Festpreis, und den Kosten für die Auswahl des Auftragnehmers und der Vergabe des Unterprojektes zusammen.

Tabelle 4.7: Fallstudie Hallenbaumaßnahme; Projektkosten-Arbeitsblatt in T€

Untereinheit	Arbeit	Ge-meink.	Mate-rial	Ausrüs-rüs-tung	Gerä-tem.	Ne-benk.	Ge-winn	Ge-samtk.
1. Arbeits-pläne fertig-stellen	4	1,5		1		0,5	1	8
2. Baubewil-ligung erhal-ten						0,9		0,9
3. Funda-ment beto-nieren	9	2,5	18	1,5	1,5	2,5	5	40
4. Wände und Dachrahmen aufstellen	13	3,5	23,5	2	9	2	7,5	60,5
5. Dach er-richten	7	2	9		1,5	1	2,5	23
6. Fenster einbauen	7,5	2,5	23	1,5	5	3	5	47,5
7. Außensei-ten aufstellen	12	2,5	30,5	1,4	9	2,5	7,5	65,4
8. Außensei-ten streichen	3,2	0,8	0,5		1		0,5	6

Fortsetzung Tabelle 4.7

9. Elektrisches Netz verlegen	5	1,5	3,5			0,5	1,5	12
10. Heizung /Klimaanlage installieren	5,5	1	21,5			1,5	3,5	32
11. Isolierung fertigstellen	6	1,5	5				1,5	14
12. Innenver-kleidung an-bringen	5	1,5	5			0,5	0,5	12,5
13. Innentüren einbauen	3	1	7			0,5	1,5	13,
14. Innenräu-me streichen	2,5	1	0,5		1		0,5	5,5
15. Elektrische Anlagen instal-lieren	1		1					2
16. Reinigung durchführen	2	0,5		0,5				3
17. Böden ver-legen	2	0,5	3		0,5	1		7

Fortsetzung Tabelle 4.7

Summe	92,2	25,3	154	8,4	28,5	16,4	38	352,3

4.3 Verantwortung zuteilen

Stolperfalle 5

Wenn eine unzureichende Festlegung von Rollen und Verantwortlichkeiten vorliegt!

Sämtliche Verantwortlichkeiten müssen ebenfalls schriftlich festgehalten werden.

Stolperfalle 6

Wenn nicht alle für das Projekt wichtigen Personen in das Projekt eingebunden sind!

Die wichtigsten Projektbeteiligten müssen vom Projektleiter bestimmt und die Namen schriftlich festgehalten werden.

Stolperfalle 7

Wenn die Teammitglieder nicht für ihre Arbeit verantwortlich gemacht werden oder sich nicht verantwortlich fühlen!

Da es in Projekten weder Belohnungen noch Sanktionen für die Erfüllung von Verpflichtungen gibt, müssen die Projektbeteiligten von sich aus motiviert sein. Das erreicht man am besten durch eine klare Projektvision. Die Selbstverantwortung der Projektmitarbeiter kann zudem noch durch Führungstechniken (zum Beispiel Instant Influence Methode) gefördert werden.

Die Instant Influence Methode wurde vom amerikanischen Psychologen M.V. Pantalon /4.1/ entwickelt. In nur 6 einfachen Schritten kann man sie in 7 Minuten durch ziehen. Sie hilft den Menschen, ihre eigene Motivation zu entwickeln. Denn nur so lassen sich innerhalb kürzester Zeit Blockaden abbauen und nachhaltige Veränderungen einleiten.

In meinem Online-Kurs „Der Weg zum produktiven Ich – 12 Bausteine für Ihre Produktivität" gehe ich in einem Modul gezielt darauf ein.

Es muss so früh wie möglich entschieden werden, wer für den Abschluss jedes Einzelschritts des Projektes verantwortlich ist, so dass die Betroffenen an der Planung von Terminen und Budget teilhaben können. Diese Teilnahme erhöht natürlich auch die Motivation und Verantwortung der Mitarbeiter. Wird dies versäumt, kann eine Situation entstehen, in der sich niemand verantwortlich für die Aufgabe fühlt (Bild 4.11 und Bild 4.12). Leider ist das aber in der Praxis oft der Fall.

Je nach Größe des Projektes variiert die Zahl der eingebundenen Personen. Bei kleinen Projekten kann ein Mitarbeiter auch für mehrere Einzelschritte oder das gesamte Projekt Verantwortung tragen.

Um die Ressourcen bei der Verantwortungsvergabe am besten auszuschöpfen, sollten auch die Unterauftragnehmer und Dienstleistungsabteilungen neben den Projektmitarbeitern als Verantwortliche mit einbezogen werden.

Bild 4.11: Nicht verteilte Verantwortungen /Quelle: Unbekannt/

This is a story about four people

named Everybody, Somebody, Anybody and Nobody.

There was an important job to be done

and Everybody was asked to do it.

Everybody was sure Somebody would do it.

Anybody could have done it

but Nobody did it.

Somebody got angry about that

because it was Everybody´s job.

Everyone thought Anybody could do it

but Nobody realized

that Everybody wouldn´t do it.

It ended up

that Everybody blamed Somebody

when Nobody did

what Everybody could have done.

Dies ist eine Geschichte über vier Leute

mit den Namen Everybody, Somebody, Anybody und Nobody.

Es gab eine wichtige Aufgabe zu erledigen

und Everybody wurde gebeten, es zu tun.

Alle waren sich sicher, dass es Somebody tun würde.

Anybody hätte es tun können.

aber Nobody hat es getan.

Somebody wurde darüber wütend.

weil es Everybody´s Job war. Alle dachten, Anybody könnte es tun.

aber Nobody erkannte

dass Everyone es nicht tun würde.

Es endete,

dass Everybody Someone die Schuld gegeben hat,
dass Nobody tat,

was Everybody hätte tun können.

Bild 4.12: Nicht verteilte Verantwortungen /Quelle: Unbekannt/

In einer produzierenden Anlage befinden sich der Betriebsleiter und der Leiter der Mechanischen Instandhaltung auf gleicher hierarchischer Ebene.

Bei einem Reparaturstillstand einer Anlage wird der Betriebsleiter zum Projektleiter. Dem Projektleiter wird während des Stillstands nicht die volle Verantwortlichkeit zugeteilt (blaue Pfeile). Die Weisungsbefugnisse werden durch die türkisfarbenen Pfeile dargestellt.

Die Mitarbeiter der Mechanischen Instandhaltung berichten korrekterweise nicht ihm, sondern ihrem hierarchischen Vorgesetzten.

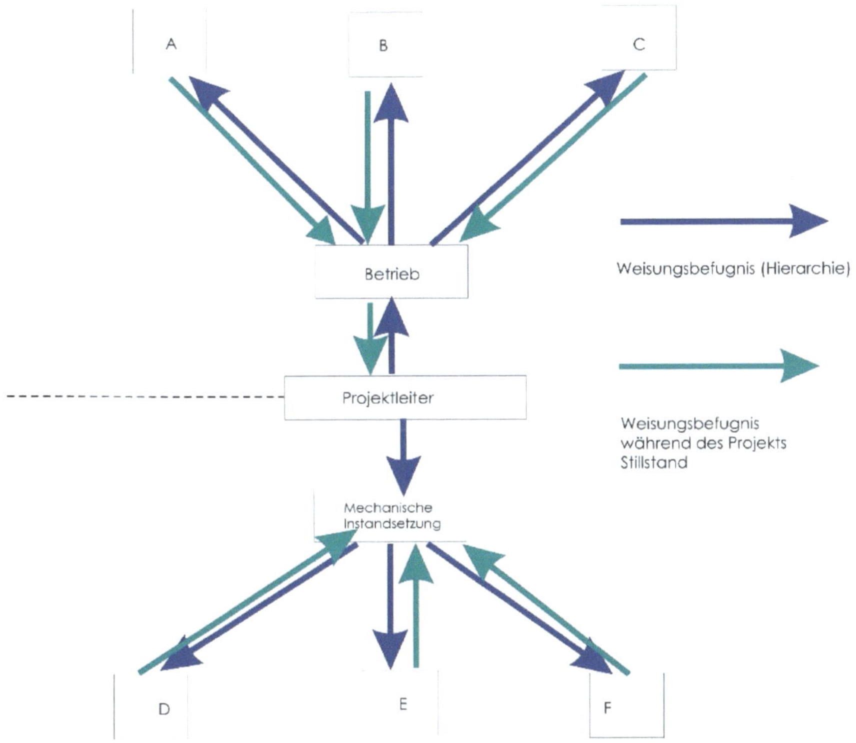

Bild 4.13 a: Verantwortungen konsequent zuteilen, vorher: Einflussprojekt-organisation

So muss der Projektleiter den Informationen über das Projekt beim Leiter der Mechanischen Instandhaltung erfragen. Denn der muss ihm wie im normalen Betrieb nicht berichten. Oder die notwendigen Informationen entgehen dem aktuellen Projektleiter völlig.

Erst nachdem der Projektleiter die volle Verantwortung während der Wartungsarbeiten zugeteilt bekam (roter Pfeil), laufen die Arbeiten korrekt ab.

Diese Verantwortung wird jedes Mal neu und nur zu Wartungsarbeiten erteilt.

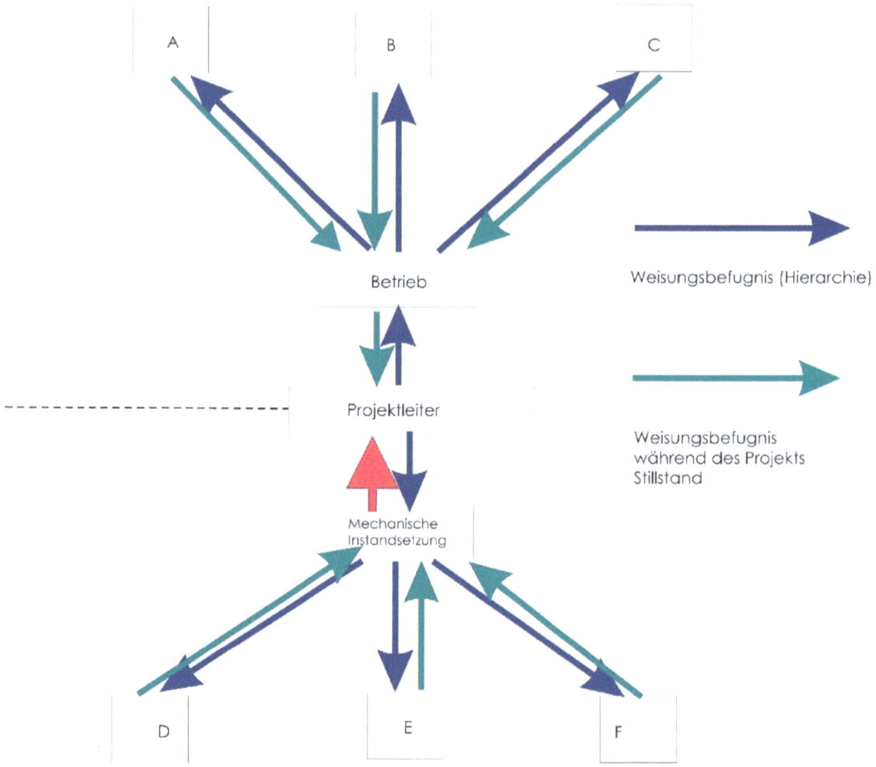

Bild 4.13 b: Verantwortungen konsequent zuteilen; nachher: Reine Projekt-organisation

4.4 Testen Sie Ihre Fortschritte

Mit den Fragen in Tabelle 4.8 können Sie Ihr Wissen überprüfen.

Tabelle 4.8: Test zum 4. Kapitel: Welche Aussagen sind richtig oder falsch?

Nr.	Frage	richtig	falsch
1	Planung ist bei kleinen Projekten nicht nötig.	☐	☐
2	Ein Strukturplan ist der Ausgangspunkt für die Projektplanung.	☐	☐

Fortsetzung Tabelle 4.8

3	Arbeitsspezifikationen veranschaulichen die qualitativen Anforderungen an das Projekt.	☐	☐
4	Tests sollten ein Teil der Spezifikationen sein.	☐	☐
5	Bei der Entwicklung eines Projektzeitplans sind die Dauer und Reihenfolge jeder Stufe wichtig.	☐	☐
6	Die Zeit, zu der ein Schritt spätestens beginnen kann, ist für den Planungsablauf nicht wichtig.	☐	☐
7	Erfahrung ist eine Grundlage für das Einschätzen des Zeitaufwands.	☐	☐
8	Ein GANTT-Chart veranschaulicht die zeitlichen Zusammenhänge der einzelnen Schritte in einem Projekt.	☐	☐
9	Ein GANTT-Chart weist die zeitlichen Abhängigkeiten zwischen Projektschritten auf.	☐	☐
10	Ein PERT-Diagramm ist ausgereifter als ein GANTT-Chart.	☐	☐
11	Der kritische Pfad zeigt die notwendigsten Arbeitsschritte, deren rechtzeitiger Abschluss für das Fortkommen des Projektes unentbehrlich ist.	☐	☐
13	Die für Untereinheiten Verantwortlichen sollen nicht in den Planungsvorgang integriert werden.	☐	☐

Fortsetzung Tabelle 4.8

14	Die Ausbildung von Projektmitarbeitern liegt im Aufgabenbereich der Personalabteilung und sollte den Projektleiter nicht kümmern.	☐	☐
15	Das Erstellen von Richtlinien und die Zuteilung von Verantwortung ist ein Teil des Projektvorganges.	☐	☐

1	2	3	4	5	6	7	8	9	10	11	12	13	14	15
f	r	r	r	r	f	r	r	r	r	r	f	f	f	r

Aufgaben

- Zeigen Sie die Planungsschritte eines Projektes auf.
- Nennen Sie die sechs Kostenkategorien, die für das Projektbudget berücksichtigt werden müssen.
- Erläutern Sie, mit welchen Mitteln die Zeitdimension eines Projekts bestimmt werden kann.

5 Projektorganisation

Stolperfalle 8

Wenn auf oberster Unternehmensebene inkonsequent geführt wird!

Am ehesten gelingt ein Projekt, wenn es auch von der Unternehmensführung unterstützt wird. Dies erfordert eine konsequente Wahrnehmung der Führungsverantwortung auf oberster Ebene.

Interne Mitarbeiter können, wenn es daran mangelt, selten etwas ausrichten. Externe, unabhängige Berater sind die bessere Lösung – sofern sie angefordert werden.

5.1 Grundformen der Projektorganisation

Eine Projektorganisation ist die Bildung und Zusammensetzung von Projektteam, die organisatorische Verankerung innerhalb des Unternehmens, die Funktion des Projektleiters und des Projektmanagers, sowie die Bildung von Gremien, wie zum Beispiel dem Lenkungsausschuss.

Die organisatorische Umsetzung des Projektmanagements innerhalb der Unternehmensorganisation führt oft zu einer organisatorischen Instabilität der Hierarchie, weil durch die erforderliche Projektorganisation Verantwortlichkeiten zeitweise neu verteilt werden müssen. Dies hat auch immer eine Neufestsetzung von Machtpositionen zur Folge.

Heute wird Projektmanagement gerne als Führungswerkzeug eingesetzt. Das bedeutet aber oft für den Projektleiter, führen ohne hierarchische Kompetenzen.

Es werden drei Formen der Projektorganisation unterschieden:

- die reine Projektorganisation
- Einfluss-Projektorganisation
- Matrix-Projektorganisation

In Bild 5.1 wird die Kompetenz des Projektleiters innerhalb der jeweiligen Organisationsform dargestellt.

5.1.1 Die reine Projektorganisation

Hier wird parallel zur existierenden Unternehmensorganisation eine Projektorganisation gebildet. Die für das Projekt benötigten Mitarbeiter werden aus ihren angestammten Abteilungen des Unternehmens organisatorisch herausgelöst und zu einer neuen, zeitlich begrenzten Projektorganisation zusammengefasst. Das so gefundene Projektteam arbeitet ausschließlich für die Ziele des Projektes. Sie werden von einem Projektleiter geleitet, der über sehr weitreichende Kompetenzen verfügt und ein hohes Maß an Verantwortung trägt.

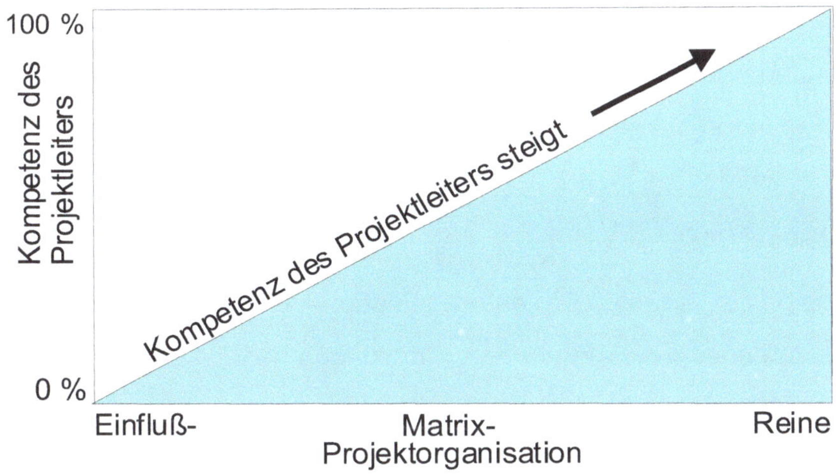

Bild 5.1 Kompetenzen des Projektleiters in den jeweiligen Projektorganisationsformen

Die Organisationsform des reinen Projektmanagements schafft in der Regel eine straffe Arbeitsform. Der Projektleiter hat große Autorität hat und kann sehr schnell auf Störungen reagieren. Die Mitarbeiter identifizieren sich mit dem Projekt und tragen so zum erfolgreichen Gelingen des Projektes bei.

Das eigentliche Problem dieser Organisationsform stellt sich erst bei der Auflösung des Projektteams am Projektende. Dies ist umso problematischer, je länger ein Projekt dauert. Für die Mitarbeiter des aufgelösten Projektteams müssen neue Aufgaben gefunden werden. Im schlimmsten Fall müssen sie entlassen werden.

Ein weiteres Problem bei dieser Organisationsform sind die hohen Kosten der möglicherweise vielfachen Vorhaltung von Ressourcen in Form von Sachmitteln und Personal.

Dazu kann durch die Konkurrenz zwischen Projektorganisation und Linienorganisation eine immer wieder neue Machtverteilung und daran folgend Unruhe im Unternehmen entstehen.

Besondere Schwierigkeiten liegen bei dieser Organisationsform in der Rekrutierung von fachkundigen Mitarbeitern, die durch den Wechsel in die Projektorganisation den Fachabteilungen völlig verlorengehen. Zudem werden sie weiter durch den Fachabteilungsleiter beurteilt, für den sie gar nicht tätig sind.

Deshalb wird die reine Projektorganisation in der Regel nur bei Großprojekten oder projektführenden Abteilungen genutzt, zum Beispiel im Anlagenbau.

5.1.2 Einfluss-Projektorganisation

Das wesentliche Merkmal der Einfluss-Projektorganisation ist, dass die volle Verantwortung und Entscheidungsbefugnis dem vorhandenen Linienmanagement des Unternehmens vorbehalten bleibt. Der Projektleiter hat nur beratende und vorbereitende Funktion, somit wenig Möglichkeiten, unpopuläre Maßnahmen durchzusetzen. Bild 5.2 zeigt eine solche Organisationsform.

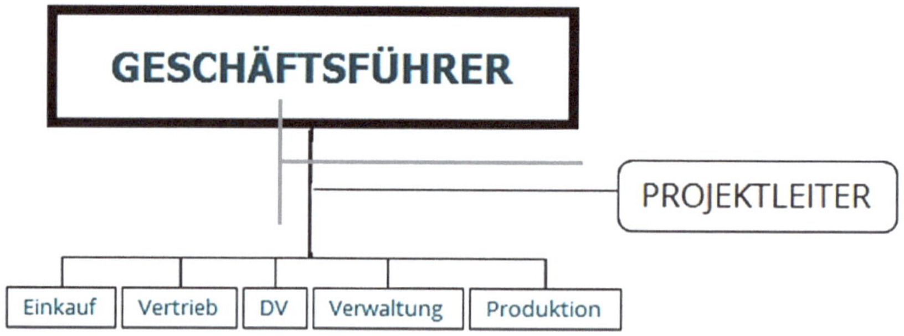

Bild 5.2: Einfluss-Projektorganisation

Die Mitarbeiter bleiben hierarchisch in ihren Organisationsstrukturen, die unverändert bestehen bleiben. Der Projektleiter verfügt über keine besonderen Weisungsbefugnisse oder Kompetenzen. Er verfolgt den

Projektverlauf in fachlicher, terminlicher und kostenmäßiger Hinsicht und schlägt notwendige Maßnahmen vor. Allerdings sollte er dann nicht für das Projektziel verantwortlich zeichnen.

Der Projektleiter kann so ausschließlich durch Überzeugung die an dem Projekt beteiligten Personen zum gewünschten Handeln bringen, das er für den Projektfortschritt wichtig hält. Ein Zurückziehen auf formales Verhalten, zum Beispiel Beharren auf Vereinbarungen in den Protokollen, helfen ihm nicht.

Die vorzunehmenden organisatorischen Änderungen sind sehr gering, da die Mitarbeiter lediglich für den jeweiligen Einsatz im Projekt, auch nur stundenweise, abgestellt werden. Die Weisungsbefugnis und die Entscheidung über den weiteren Werdegang des Mitarbeiters verbleiben in den Fachabteilungen.

Eine Reduzierung des Projektleiters auf seine Funktion als reiner Entscheidungsvorbereiter ist selten für den Projektablauf von Vorteil. Allerdings hat diese Organisationsform den Vorteil der hohen Flexibilität hinsichtlich des Mitarbeitereinsatzes.

Die Gefahr, dass sich niemand ausreichend für das Projektziel identifiziert, ist allerdings so groß, dass sich diese Organisationsform nur bei kleinsten Projekten als sinnvoll erweist. Es sollte von der Unternehmensleitung immer ein verantwortlicher Projektleiter, im Sinne eines Controllers bestimmt werden, der den Projektablauf kontrolliert und vorantreibt.

Dies ist dann der Übergang zur Matrix-Projektorganisation.

5.1.3 Matrix-Projektorganisation

Die Matrix-Projektorganisation ist eine Mischform zwischen reiner Projektorganisation und Einfluss-Projektorganisation (Bild 5.3 und Bild

5.4). Hier wird die Linienorganisation des Unternehmens um eine zusätzliche Instanz erweitert. Es gibt Projektbelange, die den Linienstellen zugeordnet werden und andere, die der Projektleitung übertragen werden. Das bedeutet, dass in einer Matrix-Projektorganisation die Macht, aber auch die Verantwortung entsprechend aufgeteilt werden.

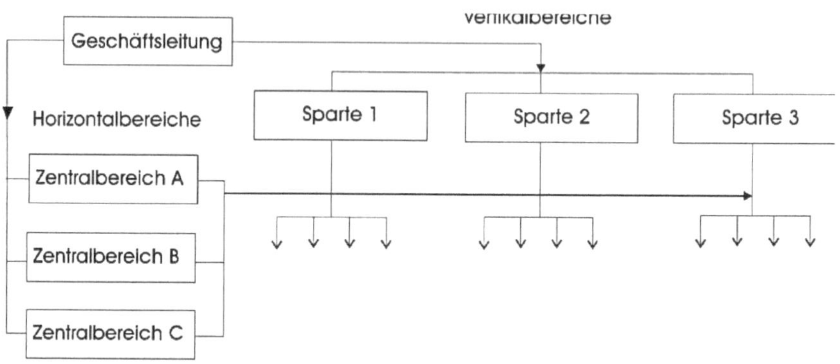

Bild 5.3: Matrixorganisation

Der Projektleiter gibt üblicherweise die Zielrichtung des Projektes an. Er legt fest, was wann gemacht werden muss und zwingt die anderen Stellen zur Entscheidung, wer die Aufgaben wie und womit erfüllt. Er zwingt damit auch die beteiligten Stellen zum unternehmerischen Denken.

Bei der Matrixorganisation ist ein flexibler Personaleinsatz gewährleistet. Die Projektmitarbeiter fühlen sich sicher, weil sie nicht von ihren Abteilungen herausgelöst werden. Allerdings kann es durch die geteilten Verantwortlichkeiten zu Konflikten zwischen den Fachabteilungen und dem Projektleiter kommen. Wenn beide Anforderungen an einen Mitarbeiter haben und sich nicht einigen können, wem er zuerst folgen soll. Das wird umso schlimmer, je länger ein Projekt andauert und je mehr sich der Mitarbeiter mit dem Projekt identifiziert.

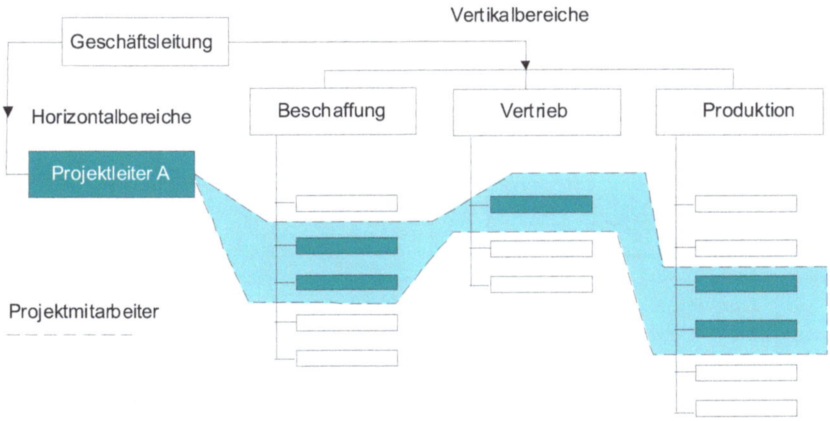

Bild 5.4: Projekt-Matrixorganisation

Für diese Kompetenzabgrenzungen ist viel Energie erforderlich. Deshalb besteht durch diese Teilung der Verantwortung und Macht ein dauerndes Konfliktpotential zwischen den Linien-und Projektautoritäten. Je größer der Stellenwert des Projektes im Unternehmen ist, desto größer wird auch das Problem der Verantwortung.

5.2 Projektinstanzen

Die Abwicklung eines Projektes benötigt ebenfalls organisatorische und hierarchische Strukturen, damit das Projektziel erreicht werden kann.

Im Allgemeinen gibt es die folgenden Instanzen, die in Bild 5.5 gezeigt werden:

- das Projektmanagement
- den Lenkungsausschuss
- die kaufmännische Abwicklung (bzw. Controlling)
- den Projektleiter
- die Projektgruppe oder das Projektteam

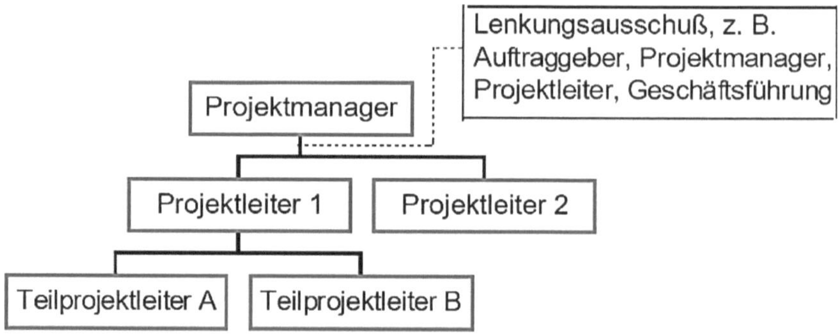

Bild 5.5: Projektorganisation mit ihren Instanzen

Stolperfalle 9

Wenn die Kommunikation im Team schlecht ist!

Absichtlich oder unabsichtlich werden wichtige Informationen nicht oder nur spät an alle Teammitglieder weitergegeben.

Um dies zu vermeiden, müssen klare Regeln durch den PL aufgestellt werden, zum Beispiel, wie Feedback gegeben wird. In Projektbesprechungen wird auf klare Kommunikation geachtet. Im Fall von Konflikten wird eine Lösung angestrebt.

Wichtig ist es, die **nonverbale Kommunikation** neben der verbalen zu fördern (siehe auch Kapitel 9.2).

Stolperfalle 10

Wenn die Teamführung schlecht ist!

Die Projektvision wird nicht deutlich genug formuliert.

Das notwendige Engagement zur Erreichung des Projektergebnisses ist bei den Teammitgliedern nicht vorhanden.

Die Projektvision muss überprüft werden.

5.2.1 Das Projektmanagement

Das Projektmanagement bedeutet die verantwortliche Leitung der Planung, Projektierung, Durchführung und Kontrolle von einer Anzahl, also immer von mehreren Projekten. Damit ist ein Projektmanager nur bei Unternehmen anzutreffen, in dem mehrere Projekte gleichzeitig bearbeitet werden. Dort hat er starke Koordinationsfunktionen.

Der Projektmanager ist immer Mitglied des Lenkungsausschusses.

5.2.2 Der Lenkungsausschuss

Der Lenkungsausschuss ist ein Verbindungs-und Schlichtungsgremium, das sich aus Mitgliedern der Geschäftsleitung, dem Projektmanager, dem Projektleiter und dem Auftraggeber zusammensetzt. Der Ausschuss sorgt dafür, dass die Realisierung eines Projektes gesichert ist, und die erarbeiteten Konzepte von der Organisation akzeptiert werden. Somit ist der Lenkungsausschuss der eigentliche Auftraggeber eines Projektes, indem er Einzelergebnisse verabschiedet und die Projektgruppe gegenüber der Geschäftsleitung vertritt.

Eine wichtige Funktion ist die oben erwähnte Schlichtungsfunktion. Im Lenkungsausschuss werden die auftretenden Streitigkeiten und Vertragsquerelen verhandelt.

Der Lenkungsausschuss beruft den Projektleiter in sein Amt und delegiert die notwendige Kompetenz und Verantwortung für die Planung und Realisierung des Projektes an die Projektleitung.

5.2.3 Der Projektleiter/die Projektleiterin und das Projektteam

Die Auswahl des Projektleiters/der Projektleiterin

Die Zusammensetzung des Projektteams ist von großem Einfluss auf den Verlauf eines Projektes. Allerdings haben die wenigsten Firmen die Möglichkeit, aus einer großen Anzahl geeigneter Kandidaten den geeignetsten Bewerber auszuwählen. Meist ist der geeignetste schon in anderen Projekten verantwortlich oder das Eigenschaftsprofil des idealen Projektleiters/des Projektteams wird nicht ausreichend erfüllt.

In der Regel wird man sich immer auf einen Kompromiss zwischen Fachkompetenz

- Hat er/sie schon einmal ein derartiges Projekt bewältigt?" und
- Kennt er/sie sich mit der anzuwendenden Technik und den vorhandenen Werkzeugen aus?

und Führungskompetenz

- Kann er/sie die Mitglieder des Projektteams auch durch Konflikte führen? und
- Kann er/sie mit dem Auftraggeber/in auf einen tragfähigen Konsens kommen?

einigen müssen.

Bild 5.6 listet die wichtigsten Kernaufgaben eines Projektleiters/der Projektleiterin /5.1/ und die dazu benötigten Eigenschaften und Fähigkeiten auf.

Aufgaben des Projektleiters

Der Projektleiter trägt die Verantwortung für die Realisierung der in der Projektdefinition festgelegten Projektparameter: Termin, Kosten und Qualität. Daneben ist er für die Koordination des Projektteams verantwortlich.

Die Kernaufgaben eines Projektleiters bestehen also im Wesentlichen aus 4 Hauptaktivitäten.

Planungsaufgaben

- Die Klärung der Projektzielsetzung und Mitwirkung bei der Erarbeitung der Projektdefinition,
- das Erstellen des Projektstrukturplans und Strukturierung der Teilaufgaben und Beauftragung der entsprechenden Stellen.

Koordinationsaufgaben

- Die Freigabe der Mittel im Rahmen des Projektbudgets,
- die Koordinierung des Projektablaufs,
- die Einberufung und Leitung der Projektsitzungen,
- die Anwendung der zur Verfügung stehenden Ressourcen,
- die Ausgestaltung der Aufbau-und Ablauforganisation,
- die Vertretung des Projektes nach innen und außen.

Projekt managen

- Planen und Organisieren
  - Zielgerichtetes Denken
  - Erkennen und Koordinierung von Prioritäten
- Controlling
  - Ergebnisbezogene Steuerungvon Prozessen und Aktivitäten
- Stresstoleranz
  - Hohe „Frustrationsschwelle“

Kunden managen

- Zielkundenorientierung
  - Erfahrung und Gespür für die Branche
  - „Verkauf“ von Projektergebnissen
- Persönlichkeit
  - Überzeugen durch die eigene Person (Vertrauensbildung)
- Analysevermögen
  - Abstraktionsvermögen
- Konzentration auf das Wesentliche
  - Urteilssicherheit
  - Erfahrung

Team managen

- Führen
  - Motivation des Teams ohne Managementkompetenzen
- Leistung managen
  - Unterstützung bei Fachproblemen
  - Fähigkeit zum Delegieren
  - Motivation zur Leistung
  - Integration der verschiedenen Disziplinen
- Sensitivität
  - Stärken, Interessen und Probleme der Teammitglieder effektiv gestalten
  - Konflikte managen
- Kommunikation fördern

Bild 5.6: Die Kernaufgaben des Projektleiters und die dazu benötigten Kompetenzen und Fähigkeiten

Kontrollaufgaben

- Die Planung und Verfolgung der Projekttermine,
- die Planung und Verfolgung der Projektkostenentwicklung,
- die Verfolgung des Projektfortschritts,

- das Aufzeigen und Entgegenwirken bei auftretenden Planabweichungen,
- die Prüfung, Abstimmung und Einarbeitung der notwendigen Änderungen im Projektplan.

Dokumentationsaufgaben

- Die Berichterstattung zu Meilensteinen im Lenkungsausschuss,
- die Sicherstellung des Informationsflusses.

Entsprechend dem Projektziel sind also umfassend und sehr unterschiedlich. Sie sind zudem von der Größe des jeweiligen Projektes abhängig. Wichtig für die Position eines Projektleiters innerhalb eines Unternehmens ist seine Einbindung in die Unternehmenshierarchie. Davon hängen dann auch die Befugnisse ab, die er hat. Durch ungeklärte Kompetenzen sind Konflikte vorprogrammiert.

Der Projektleiter muss über ausgezeichnete Fachkenntnisse der wichtigsten Projektbereiche verfügen. Außerdem muss er über Kenntnisse, wie Methoden und Hilfsmittel der Organisation, Planung und Kontrolle verfügen, die meist mit Hilfe von Programmen gesteuert werden. Dazu kommen kaufmännische und juristische Kenntnisse.

Sehr wichtig ist auch die Führungsfähigkeit. Er muss ein großes Einfühlungsvermögen haben und über Motivations-und Verhandlungsgeschick sowie Überzeugungskraft verfügen. Wichtig ist auch eine hohe Frustrationsschwelle. Daneben wird analytisches Denken gefordert, das den Blick für das Wesentliche und ein großes Organisations-und Improvisationsgeschick beinhaltet. Tabelle 5.1 zeigt eine Stellenbeschreibung für Projektleiter.

Tabelle 5.1: Stellenbeschreibung eines Projektleiters

Stellenbeschreibung				
Nachname, Vorname, Geburtsdatum			Funktionsbezeichnung	
			Rang	
Betrieb	Abteilung	Gruppe	Stelle-Nr.	Tarifgruppe
Beschreibung der Aufgabe:				
Stelleninhaber berichtet an:				
Stelleninhaber erhält fachliche Weisungen von:				
Direkt unterstellte Mitarbeiter (Nachname, Vorname, Funktion, Einstufung):				
Stelleninhaber gibt fachliche Weisung an (Name, Funktion):				
Stelleninhaber wird vertreten durch:				
Stelleninhaber vertritt:				

Fortsetzung Tabelle 5.1

Befugnisse, Vollmachten:				
Zum Aufgabengebiet gehören folgende Arbeitsmittel				
(Maschinen, techn. Anlagen):				
Zur Wahrnehmung des Aufgabengebietes sind folgende Fachkenntnisse erforderlich:				

Tabelle 5.2 zeigt die einzelnen Tätigkeiten eines Projektleiters und den dafür erforderlichen durchschnittlichen prozentualen Zeitaufwand innerhalb eines Projektes.

Tabelle 5.2: Tätigkeiten eines Projektleiters mit dem prozentualen Zeitaufwand

	Tätigkeitsbeschreibung	**Ziel-/Aufgaben-Hintergrund**	**Zeitanteil in %**
1	Erarbeitung eines Phasenkonzepts	Strukturierter und übersichtlicher Projektablauf	20
2	Festlegung des Projektteams in Abstimmung mit deren Linienvorgesetzten	Fachliche Kompetenz sichern	10

Fortsetzung Tabelle 5.2

3	Erstellung des Projektstrukturplans	Definition von Arbeitspaketen	20
4	Ressourcen-Planung	Ressourcen-Engpässe aufdecken, Projektablauf sichern	5
5	Veranlassung und Überwachung der notwendigen Dokumentationen	Information des Managements	10
6	Organisation und Leitung von Projektsitzungen	Information der Projektmitarbeiter, Planung der weiteren Aktivitäten	10
7	Erstellung von Projektfortschrittsberichten	Projekt-Controlling	5
8	Überwachung und Koordination und Sicherung des fachlichen Know-Hows	Sicherstellung der fachlichen Qualifikation, Arbeitsverteilung und Ressourcen	5
9	Veranlassung rechtzeitiger Rechnungserstellung	Liquiditätsüberwachung	5
10	Erstellung eines Schlussberichtes mit Nachkalkulation	Information des Managements, Kostenkontrolle, Controlling	5

Fortsetzung Tabelle 5.2

11	Projekt-Controlling in Zusammenarbeit mit dem Controller	Permanentes Projekt-Controlling mit dem Ziel der Steuerung und Überwachung von Ressourcen	5
S	Sonderaufgaben	Sonderaufgaben, die zur Tätigkeit eines Projektleiters gehören, bzw. sich aus den betrieblichen Notwendigkeiten ergeben.	∞

Wird ein Projekt erfolgreich abgeschlossen, werden meist alle beteiligten Stellen belobigt, misslingt ein Projekt, muss der Projektleiter als einziger Schuldiger herhalten. Der Erfolg oder Misserfolg eines Projektes hängt tatsächlich sehr entscheidend von der Person des Projektleiters ab, sowohl fachlich als auch von seiner Persönlichkeit.

Das Wissen um geeignete Planungs-und Kontrolltechniken ist eine der Grundlagen für die Qualifikation zum Projektleiter, aber nicht die ausschlaggebende. Ganz entscheidend ist seine Fähigkeit, im sozialpsychologischen Bereich Störungen bewältigen zu können.

An dieser Stelle wird auch noch einmal hingewiesen, dass ein Projektleiter/Mitarbeiter immer zwei verschiedene Rollen spielt

- im Projekt ist er Auftragnehmer und/oder Auftraggeber,
- in der Linie ist er als Untergebener/Mitarbeiter.

Das kann zu Konflikten führen.

5.2.4 Die Zusammenstellung des Projektteams und Teambildung

Dem Projektleiter steht ein Team von Spezialisten zur Ausführung des Projektes zur Seite.

Es ist häufig schwierig, genau die Spezialisten zu bekommen, die benötigt werden. Die Fachabteilungen versuchen, ihre fähigsten Mitarbeiter zu behalten, die Mitarbeiter selbst arbeiten häufig nur ungerne an Projekten mit, weil die Leistungsbeurteilung und Gehaltseinstufung im Allgemeinen durch den Abteilungsleiter und nicht den Projektleiter durchgeführt wird.

Die Frage der Teamfähigkeit eines Mitarbeiters steht da meist an zweiter Stelle, ist aber trotzdem für die erfolgreiche Durchführung des Projektes von Bedeutung.

Hier liegt die große Führungsaufgabe des Projektleiters. Er beteiligt zum einen die Mitarbeiter sehr stark am Prozess und an den Entscheidungen, aber er ist auch in der Lage, die Termin-und Kostenziele gegen den Widerstand einiger Teammitglieder durchzusetzen.

Die während der Durchführung entstehenden Meinungsverschiedenheiten werden letztendlich durch ihn entschieden, um das Projektziel nicht aus den Augen zu verlieren.

Die Kreativität des Teams kann durch einige Maßnahmen gefördert werden. So ist es positiv, wenn

- Kommunikationsregeln (zum Beispiel für Besprechungen) einführen
- eine Atmosphäre des Vertrauens und der Kollegialität besteht,
- das "Wir-Gefühl" im Projekt existiert,

- offen und umfassend kommuniziert wird,
- Konflikte so früh wie möglich erkannt und beseitigt werden,
- gute Leistungen anerkannt und weitergeleitet werden.

Den letzten Punkt kann der Projektleiter aber nur durchführen, wenn es das Unternehmen vorsieht.

Über den Umgang im Projekt kann man sicher Einiges sagen. Die praktische Durchführung ist leider von den Personen abhängig, die miteinander zu tun haben und dort finden sich immer Störfaktoren. Aber einige Punkte sollen dennoch ernsthaft wahrgenommen werden, um Mobbing im Vorfeld zu verhindern

- Die Teammitglieder bringen sich gegenseitig Respekt und Vertrauen entgegen.
- Gefühle wie Ärger und Zorn werden offen ausgesprochen und nicht unterdrückt.
- Konflikte und Probleme werden offen angesprochen und gelöst.
- Aktives Zuhören wird praktiziert.
- Alle sind gleichberechtigte Partner und niemand dominiert.
- Es wird ausschließlich konstruktive Kritik geübt. Sie dient ausschließlich dem Projektfortschritt und kann so nicht persönlich genommen werden.
- Unterschiedliche Meinungen werden als Beitrag zur Lösung des Problems empfunden.
- Im Team wird Konsens angestrebt. Alle Teammitglieder halten sich an einmal getroffene Entscheidungen.

- Alle halten die "Spielregeln" ein: gute Vorbereitung vor Sitzungen, Erledigung der gestellten Aufgaben zum Termin, Pünktlichkeit.
- Informationen über das Projekt werden allen mitgeteilt.
- Die Aktivitäten aller Teammitglieder sind allen anderen bekannt. Kein Teammitglied führt Tätigkeiten ohne vorherige Absprache mit dem Projektleiter aus.
- Die Aufgaben wie Protokollieren, Überwachen von Listen etc. werden gerecht verteilt.

Das ist eine Wunschliste. Dennoch sollte versucht werden, im Team derartige Verhaltensmuster einzuüben, um das Projekt erfolgreich zu gestalten. Weitere Verhaltensweisen und Lösungsansätze bei Problemen im Team werden im Kapitel 9.2 unter Business Coaching dargestellt.

5.3 Testen Sie Ihre Fortschritte

Jetzt können Sie wieder Ihr Wissen mit Hilfe der Tabelle 5.3 überprüfen.

Tabelle 5.3: Test zum 5. Kapitel. Welche Aussagen sind richtig oder falsch?

		richtig	**falsch**
1	Projekte werden prinzipiell von Vorgesetzten eingeleitet.	☐	☐
2	Jeder kann Projektleiter sein.	☐	☐

Fortsetzung Tabelle 5.5

3	Der Projektleiter ist für die Durchführung des Projektes verantwortlich.	☐	☐
4	Der Initiator eines Projektes hat normalerweise von allen wichtigen Aspekten des Projektes feste Vorstellungen.	☐	☐
5	Das Projektteam muss vor Beginn das Projekt klar definieren.	☐	☐
6	Projektmanagement unterscheidet sich kaum von anderen Management-Anwendungen.	☐	☐
7	Die zeitliche Beschränkung von Projekten stellt an den Projektleiter besondere Herausforderungen.	☐	☐

1	**2**	**3**	**4**	**5**	**6**	**7**
f	r	f	f	r	f	r

Aufgaben

- Unterscheiden Sie die drei Projektorganisationsformen.
- Zählen Sie vier Instanzen auf, die an der Durchführung von Projekten in der Regel beteiligt sind.
- Erläutern Sie, was man unter einem Lenkungsausschuss versteht und welche Aufgaben er hat.

- Über welche fachlichen und persönlichen Voraussetzungen muss ein Projektleiter verfügen?

Hier können Sie eine kostenlose Strategie-Session buchen oder schreiben Sie mir, wenn Ihnen dieses Buch gefällt und Sie Anregungen oder Fragen haben.

Hier kommen Sie zum kostenlosen Bonusmaterial zum Buch.

Besuchen Sie auch meinen Blog „Selbstführung & Produktivität". Ich helfe Ihnen, bessere Ergebnisse zu erzielen.

6 Projektdurchführung

6.1 Aktivitäten in der Durchführungsphase

Während der Projektdurchführungsphase koordiniert der Projektleiter alle Einzelschritte des Projektes. Dies umfasst sowohl die Verantwortungsbereiche, die schon oben bei der Vorstellung der Position des Projektleiters angesprochen wurden, als auch die speziellen Führungsaufgaben im Projektalltag

- Kontrolle der Arbeitsabläufe, um deren planmäßigen Abschluss zu bewirken,
- für Feedback an die Mitarbeiter sorgen,
- Verhandlungen durchführen, um Material, Ausrüstung und Dienstleistungen bereitstellen zu können,
- die Lösung von Konflikten innerhalb des Projektteams und Verhandlungen zwischen dem Projektteam und Außenstehenden.

Diese Schlüsselaufgaben erfordern unterschiedliche Fähigkeiten des Projektleiters. In diesem Kapitel und in Kapitel 9 werden einige Techniken und Hilfsmittel vorgestellt, die dem Projektleiterbei der Durchführung des Projektes helfen.

Die Kontrolle ist die wichtigste Tätigkeit während der Durchführung des Projektes. Das wichtigste Hilfsmittel für diesen Kontrollvorgang ist der Projektplan, zum Beispiel als Gantt-Chart. In ihm werden die drei Projektparameter, die Einzelschritte mit Spezifikationen, der Zeitplan, der Budget entwickelt. Das sind die Maßstäbe, an denen der Projektfortschritt und somit die Leistung gemessen wird.

6.2 Kontrolle der Arbeitsabläufe

Stolperfalle 11

Wenn der Fortschritt zu ungenau und/oder verspätet überwacht wird!

- Sie versäumen es, Personalaufwand und Ausgaben oder die Anfangs-und Endtermine für bestimmte Aktivitäten zu erfassen.

- Sie geben diese Information nicht rechtzeitig an die Teammitglieder weiter.

Nur durch gesetzte Maßstäbe kann die Leistung überwacht werden. Die Verantwortung für die Überwachung muss schriftlich festgelegt sein.

Die Kontrolle der Arbeitsabläufe besteht aus drei Schritten:

- Maßstäbe setzen,
- Leistung überwachen,
- Korrekturmaßnahmen ergreifen.

6.2.1 Maßstäbe setzen

Die Maßstäbe für das Projekt werden in den ausführlichen Projektspezifikationen gesetzt, die in der Planungsphase erstellt werden. Der Projektleiter behält diese Spezifikationen stets im Auge und gewährleistet, dass die Mitarbeiter dies ebenfalls tun.

Denn, falls das Projekt von der ursprünglichen Spezifikation abweicht, ist der prognostizierte Erfolg der Machbarkeitsstudie nicht mehr gewährleistet. Die Wahrscheinlichkeit, dass das Projekt oder das Projektresultat dann den Leistungskriterien nicht entsprechen könnte, ist sehr hoch.

Um festzustellen, ob den in den Spezifikationen festgelegten Maßstäben für Qualität, Zeit und Kosten auch wirklich entsprochen wird, und auch um die Kontrolle über den Projektablauf allgemein zu erleichtern, stehen dem Projektleiter eine Reihe von Hilfsmitteln zur Verfügung. Das Verhältnis zwischen dem Zeitplan und dem eigentlichen Ablauf des Projektes kann anhand der in der Planungsphase entstandenen GANTT-Charts und PERT-Diagramme verfolgt werden.

Im Folgenden werden vier weitere Darstellungsmöglichkeiten beschrieben, die für die Projektkontrolle nützlich sind:

- Kontrollpunkt-Erkennungscharts
- Projektkontrollcharts
- Milestone-Charts
- Budgetkontrollcharts

Kontrollpunkt-Erkennungschart

Eine hilfreiche Technik für die Projektkontrolle ist das gezielte Notieren eventueller Fehlermöglichkeiten, die jeweils bei den drei Projektparametern eintreten könnten. Der Projektleiter und das Projektteam überlegen sich, wann und wie sie erfahren werden, dass etwas nicht so, wie vorgesehen läuft. Dann können sie sich einen Plan machen, wie der Fehler zu beheben ist, wenn er tatsächlich eintritt. Dadurch sind sie auf unangenehme Überraschungen vorbereitet und können schneller auf die Probleme reagieren. Ein Kontrollpunkt-Erkennungschart fasst diese Informationen übersichtlich zusammen

(Tabelle 6.1). Die Auflistung wird schon in der Angebotsphase begonnen und kontinuierlich im Projektverlauf ergänzt.

Ein weiteres nützliches Hilfsmittel ist das Projektkontrollchart, das einen raschen Überblick über Budget-und Zeitplanabweichungen erlaubt. Die geplanten Termine und Kosten werden den tatsächlichen gegenübergestellt. Die Abweichungen für jeden Einzelschritt und für das Gesamtprojekt werden so deutlich.

Um ein Projektkontrollchart vorzubereiten, führt man alle Einzelschritte aus dem GANTT-Chart auf. Dann verwendet man den Zeitplan und das Budget, indem man jedem Einzelschritt die geplante Dauer und die erwarteten Kosten zuordnet.

Nach der Beendigung eines Einzelschritts werden dann die tatsächlichen Daten eingetragen. Die Abweichungen werden errechnet und addiert (Tabelle 6.2). Die Einzelschrittdauern mit * liegen nicht auf dem kritischen Pfad und könnten daher aus der Summe genommen werden.

Tabelle 6.1: Beispiel für ein Kontrollpunkt-Erkennungschart

Kontrol trollele lele-ment	**Was könnte nicht funktionieren?**	**Wann und wie werde ich es erfahren?**	**Was werde ich dagegen tun?**
Qualität	handwerkliche Ausführung ist mangelhaft	nach persönlicher Inspektion der Arbeit eines beendeten Produktionsschritts	Arbeit muss wiederholt werden

Fortsetzung Tabelle 6.1

Kosten	Kosten eines Einzelschritts überschreiten das dafür geplante Budget	sobald Kaufverträge ausgehandelt sind	erst Ersatzlieferanten suchen, dann Ersatzmaterial erwägen
Zeit	Dauer eines Einzelschritts überschreitet die Planungsdauer	durch genaue Überwachung des Arbeitsfortschritts entlang des kritischen Pfades	nach Möglichkeiten zur Leistungsverbesserung suchen, Versuchen, die Zeit bei späteren Schritten einzusparen, falls das Budget es erlaubt, Überstunden bewilligen

Diese Technik kann auf jedem PC in MS Project® oder einfach als Listenformular umgesetzt werden. Damit können dann auch die Fortschrittsberichte erzeugt werden.

Tabelle 6.2: Fallstudie Hallenbaumaßnahme, Projektkontrollchart in T€; Einzelschrittdauern mit * liegen nicht auf dem kritischen Pfad

Untereinheit	Kosten				Zeit			
	budgetierte Kosten	tatsächliche Kosten	Abweichung	gesamt	geplante Dauer	tatsächliche Dauer	Abweichung	gesamt
1. Arbeitspläne fertigstellen	10	9	-1	-1	15	15	0	0
2. Baubewilligung erhalten	1	1	0		16	15	-1	-1
3. Fundament betonieren	50	55	5	4	5	3	-2	-3
4. Wände und Dachrahmen aufstellen	44	42	-2	2	5*	5	0	-3
5. Dach fertigstellen	25	3 0	5	7	5*	6	1	-2
6. Fenster einbauen	15	15	0	7	1*	1	0	-2
7. Außenseiten aufstellen	76	67	-9	-2	10	9	-1	-3
8. Außenseiten streichen	6				3			

Fortsetzung Tabelle 6.2

9. Elektrisches Netz verlegen	13				10*			
10. Heizung /Klimaanlage installieren	36				5			
11. Isolierung fertig stellen	15				5			
12. Innenverkleidung anbringen	18				5			
13. Innentüren einbauen	14				5			
14. Innenräume streichen	7				3			
15. Elektrische Anlagen installieren	3				2			
16. Reinigung durchführen	3				3			
17. Böden verlegen	8				2			

Milestone-Chart

Ein Milestone-Chart (Meilenstein-Chart) gibt ein grobes Bild des Zeitplans und der Kontrolldaten des Projektes. Es zeigt die Schlüsselereignisse (Meilensteine oder Milestones), die von Außenstehenden klar erkennbar sind oder die Zustimmung brauchen, bevor das Projekt weiterlaufen kann. In MS Project® kann ein Milestone-Chart durch eine einfache Filterfunktion erstellt werden.

Im Allgemeinen gibt es im Projekt nur wenige Meilensteine. Wegen des Übersichtscharakters ist ein Milestone-Chart während der Planungsphase, in der mehr Informationen benötigt werden, nicht sehr hilfreich. Wenn das Projekt aber zur Durchführung gelangt, ist es sehr nützlich, da es eine prägnante Zusammenfassung des Projektfortschritts liefert (Tabelle 6.3).

Budgetkontrollchart

Budgetkontrollcharts gibt es in zwei Varianten. Die erste ist dem Projektkontrollchart sehr ähnlich. Sie vergleicht das Budget mit den tatsächlich entstandenen Kosten der Einzelschritte des Projektes. Die andere Variante ist ein Diagramm, das die geplanten Kosten den tatsächlich entstandenen Kosten gegenüberstellt. Dazu werden entweder Balken oder Linien benutzt.

Die Balkendiagramme stellen die geplanten Kosten den tatsächlich entstandenen Kosten für jeden Einzelschritt gegenüber, während ein Liniendiagramm die geplanten und die tatsächlich entstandenen Kosten für das gesamte Projekt kumulativ erstellt.

Kleine Abweichungen, wie sie in Bild 6.1 und Bild 6.2 zu sehen sind, sind völlig normal. Erst bei großen Abweichungen wird der erfahrene Projektleiter einschreiten und Maßnahmen ergreifen.

Tabelle 6.3: Fallstudie: Hallenbaumaßnahme, Milestone-Chart

Milestone	geplanter Abschluss	tatsächlicher Abschluss
1. Fundament fertiggestellt	5. April	2. April
2. Rahmen fertiggestellt	10. April	7. April
3. Außenseiten fertiggestellt	25. April	
4. elektrisches Netz verlegt	31. April	
5. Heizung und Klimaanlage installiert	4. Mai	
6. Innenraum fertig	22. Mai	

Kleine Abweichungen, wie sie in Bild 6.1 und Bild 6.2 zu sehen sind, sind völlig normal. Erst bei großen Abweichungen wird der erfahrene Projektleiter einschreiten und Maßnahmen ergreifen.

6.2.2 Leistung überwachen

Das Herz des Kontrollvorgangs liegt in der Überwachung der laufenden Arbeiten. So erfährt der Projektleiter, was tatsächlich getan wurde und wie der Projektfortschritt mit dem Plan übereinstimmt. Dadurch erfährt man, ob eine Korrektur notwendig ist. Übliche Überwachungsmaßnahmen sind

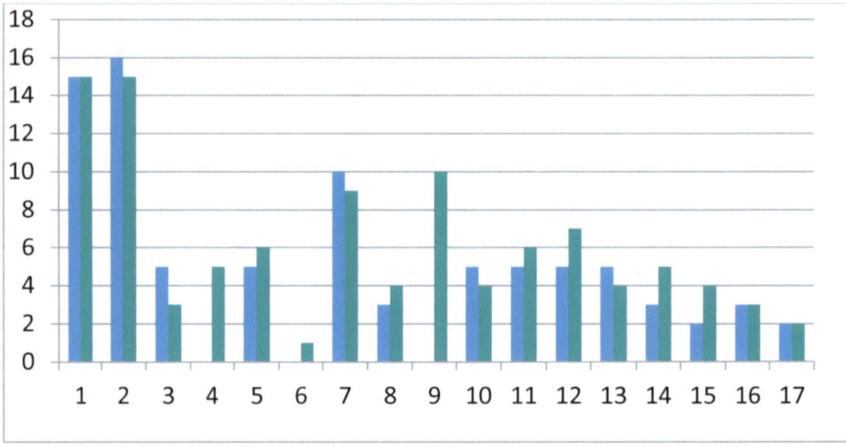

Bild 6.1: Fallstudie: Hallenbaumaßnahme; Budgetkontrollchart; türkis budgetierte, blau tatsächliche Kosten

- Inspektionen,
- Fortschrittsbesprechungen,
- Qualitätstests und
- Prüfungen.

Um effektiv kontrollieren zu können, wird mehr als eine Informationsquelle benötigt. Zusätzlich zu schriftlichen Aufzeichnungen halten den Projektleiter eine Mischung aus Inspektionen, Fortschrittsbesprechungen, Qualitätstests und Prüfungen auf dem Laufenden.

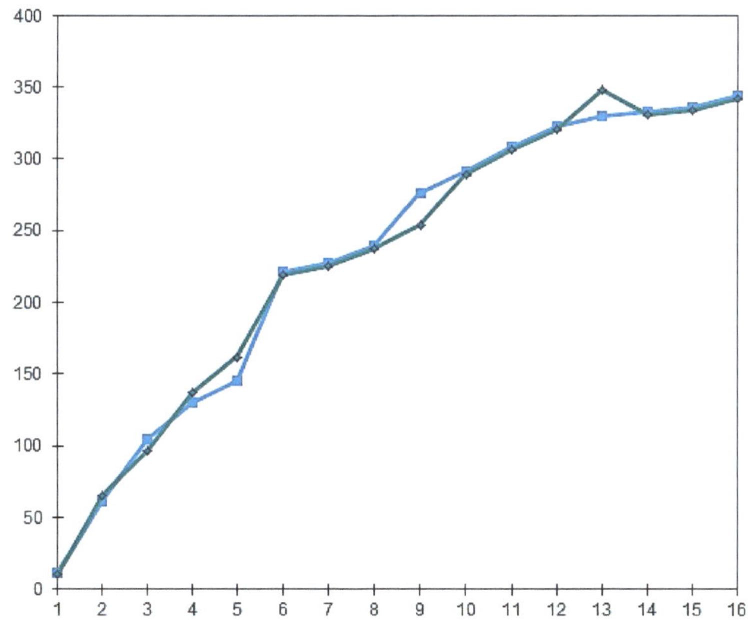

Bild 6.2: Fallstudie: Hallenbaumaßnahme; Budgetkontrollchart; türkis budgetierte, blau tatsächliche Kosten

6.2.2.1 Die Inspektion

Die Inspektion ist die häufigste Überwachungsmaßnahme bei Projekten. Sie werden von Inspektoren und dem Projektleiter durchgeführt. Die Arbeitsabläufe werden beobachtet, während sie auf der Baustelle oder in der Produktionsstätte durchgeführt werden. Die Inspektion ist ein sehr wirkungsvoller Weg, um zu erfahren,

- ob die Projektspezifikationen eingehalten werden,
- ob unnötige Verschwendung stattfindet oder
- ob gefährliche Arbeitsbedingungen herrschen.

Inspektionen werden im Allgemeinen unangemeldet und unvorhersehbar durchgeführt, können aber auch offen und direkt sein. Es können Fragen an die durchführenden Mitarbeiter gestellt werden, die dem Projektleiter häufig wichtige Schlussfolgerungen ermöglichen.

6.2.2.2 Die Fortschrittsbesprechung

Fortschrittsbesprechungen sind Gespräche zwischen dem Projektleiter und den für die jeweiligen Einzelschritte verantwortlichen Mitarbeitern. Sie können mit Gruppen oder Einzelpersonen, von Angesicht zu Angesicht oder telefonisch geführt werden. Bei externen Projekten können sie auch schriftlich eingereicht werden. Fortschrittsbesprechungen finden normalerweise in regelmäßigen Abständen statt, zum Beispiel täglich, wöchentlich, monatlich.

Sie können aber auch einberufen werden, wenn ein Leistungsproblem bemerkt wird oder wenn ein wichtiger Schritt im Projekt beginnt oder abgeschlossen wurde. Vom Projektleiter oder dem für die Arbeit verantwortlichen Mitarbeiter einberufene Gespräche ergänzen die geplanten Fortschrittsbesprechungen.

Die Richtlinien für Fortschrittsbesprechungen

Normalerweise stehen in den Fortschrittsbesprechungen drei Themen auf der Tagesordnung:

- der Vergleich des geplanten mit dem tatsächlichen Fortschritt,
- die Rückschau auf aufgetretene Probleme und deren Bewältigung,
- die Diskussion über anstehende Probleme und deren Lösungsmöglichkeiten.

Die verschiedenen Rollen des Projektleiters während einer Fortschrittsbesprechung

Die Aufgabe des Projektleiters ist während einer Fortschrittsbesprechung, den Stand des Projektes zu erfahren und den weiteren Verlauf zu beeinflussen, auch aktiv, wenn dies notwendig ist. Während der Besprechung spielt der Projektleiter sehr unterschiedliche Rollen (Bild 6.3).

Der Zuhörer

Der Projektleiter sollte sehr genau zuhören, wenn er über Fortschritt, Abweichungen vom Plan, Probleme und vorgeschlagene Lösungen informiert wird.

Es ist nicht nur wichtig, was gesagt wird, es ist auch wichtig, wie etwas gesagt wird! Ist der Mitarbeiter aufgeregt, frustriert, entmutigt? Durch Fragen kann das Gesagte erläutert werden. Die Wiederholung des Gesagten kann dem Zuhörer helfen, sich genauere Eindrücke und Gefühle einerseits zu verschaffen, aber auch über das eigentliche Problem Klarheit zu bekommen (Kapitel 9).

Bild 6.3: Die Rollen des Projektleiters während der Fortschrittsbesprechung

Der Mitwirkende

Bei vielen Zwischenbesprechungen verläuft der Fortschritt nach Plan. Es werden aber auch Probleme zu bewältigen sein. Wenn dies erforderlich ist, sollte der Projektleiter zur Lösung aktiv beitragen, zum Beispiel indem er das Projektteam auf weitere Lösungsmöglichkeiten hinweist. Die Erfahrung und das Wissen des Projektleiters sind hier notwendig, um das Projekt vorwärtszubringen.

Der Koordinator

Eine wichtige Rolle des Projektleiters ist die des Koordinators: die Einzelschritte des Projektes werden zu einem funktionierenden Ganzen zusammengefasst. Was wird vernachlässigt? Wird irgendeine Arbeit doppelt gemacht? Wie kann frei werdendes Personal eingesetzt werden?

Die Führungskraft

Die wichtigste Rolle des Projektleiters ist die des Anführers. Er muss die Bemühungen des Teams immer auf das Erreichen des Projektziels ausgerichtet halten: den Abschluss des Projektes im Budget-und Zeitrahmen, sowie der Einhaltung der Spezifikationen. Gute Leistungen müssen anerkannt, schwache Leistungen korrigiert werden, Interesse und Motivation am Projekt müssen hochgehalten werden.

Schließlich gibt es in jeder Gruppe und in jedem Team eine Eigendynamik. Die in Bild 6. 4 dargestellten Gruppencharaktere treten in jeder Gruppe auf.

Glaubt man durch einen glücklichen Zufall einen unliebsamen Charakter losgeworden zu sein, entpuppt sich ein anderes Gruppenmitglied, das dessen Rolle übernimmt.

Bild 6.4: Die Gruppencharaktere /Quelle: Unbekannt/

Tabelle 6.4; Die Möglichkeiten, die verschiedenen Charaktere positiv für das Team zu nutzen

1	**Der Streitsüchtige (Nörgler)**	Sachlich und ruhig bleiben. Die Gruppe veranlassen, seine Behauptungen. zu widerlegen.
2	**Der Positive (Pingelige)**	Die Ergebnisse zusammenfassen lassen.
3	**Der Alleswisser (Drängler)**	Die Gruppe auffordern, zu seinen Behauptungen Stellung zu nehmen.
4	**Der Vielredner**	Taktvoll unterbrechen, Redezeit festlegen.
5	**Der Schüchterne**	Leichte und direkte Fragen stellen. Sein Selbstbewusstsein stärken.

Fortsetzung Tabelle 6.4

6	**Der Ablehnende**	Seine Kenntnisse und Erfahrungen anerkennen.
7	**Der Dickfellige (Uninteressierte)**	Nach seiner Arbeit fragen. Beispiele aus seinem Interessengebiet geben.
8	**Der Erhabene (Das "große" Tier)**	Keine direkte Kritik üben. Ja, aber-Technik einsetzen.
9	**Der Ausfrager (Rechthaberische)**	Seine Fragen an die Gruppe zurückgeben.
10	**Der Teamgeist**	Versuchen, ihn zu wecken.

6.2.2.3 Der Qualitätstest

Qualitätstests werden meist in den Projektspezifikationen zur Qualitätssicherung festgelegt. Typische Tests sind zum Beispiel Belastungsprüfungen bei mechanischen Bauteilen und Werkstoffen.

6.2.2.4 Die Prüfung

Die Prüfungen können während eines Projektes, und nachdem es beendet wurde, durchgeführt werden. Übliche Bereiche für Prüfungen sind die Buchhaltung, die Einkaufs-und Sicherheitspraktiken, Wartungsvorgänge oder Auszahlungsbefugnisse. Die Prüfer müssen auf dem jeweiligen Gebiet Experten sein und von außen kommen, also nicht dem Projektteam angehören. Nach der gründlichen Prüfung wird ein Prüfungsbericht verfasst, der detailliert das Ergebnis beschreibt und alles aufzeigt, was von etablierten Richtlinien, genehmigten Handlungsweisen oder vernünftigen Geschäftspraktiken abweicht.

6.2.3 Korrekturmaßnahmen ergreifen

Während des Projektfortschritts und der Leistungsüberwachung wird es immer Zeitpunkte geben, an denen das Projekt hinter dem Plan zurückbleibt. Das erfordert im Allgemeinen immer Korrekturmaßnahmen, aber der Projektleiter sollte sich auch davor hüten, zu schnell einzugreifen. Manche Mängel korrigieren sich von selbst. Manchmal wird das Projekt hinter dem Plan her hinken, manchmal wird es schneller fortschreiten als erwartet, aber es wird schließlich "im Plan" abgeschlossen sein. Es wäre unrealistisch, immer einen gleichmäßigen Fortschritt nach Plan zu erwarten.

Wenn die Qualität nicht den Spezifikationen entspricht, wird die Arbeit üblicherweise wiederholt, bzw. nachgebessert werden. Aber auch in diesen Fällen sollte nicht zu voreilig entschieden werden. Vielleicht entspricht die Arbeit dann doch den Anforderungen, wenn sie eingehender geprüft wird. Es sollte dabei genau überprüft werden, wie groß die tatsächliche Abweichung ist, und ob sie eine ernstzunehmende Auswirkung auf das Projekt haben könnte. Wenn dann etwas wiederholt oder nachgebessert wird, ist das eine Einzelentscheidung und nicht ein automatischer Vorgang.

Wenn das Projekt tatsächlich dem Plan nachzulaufen beginnt, gibt es mehrere Möglichkeiten, damit umzugehen.

Zuallererst wird überprüft, ob die in der restlichen Zeit verbleibende Arbeit schneller gemacht werden kann und somit die Zeit eingeholt werden kann.

Wenn das nicht mehr möglich ist, können den Mitarbeitern zusätzliche Anreize angeboten werden, die restliche Arbeit doch noch schneller zu erledigen. Solche Zulagen sind durch einen direkten Vergleich mit dem potentiellen Verlust bei verspätetem Abschluss zu rechtfertigen.

Falls das auch nicht möglich oder wirkungsvoll erscheint, kann durch die Erhöhung der Ressourcen die Arbeitsleistung vergrößert werden, zum Beispiel durch Überstunden oder den Einsatz weiterer Arbeitskräfte. Das kostet zwar mehr, kann aber Verluste, bzw. Vertragsstrafen durch Terminüberschreitungen (Pönale, etc.) verhindern.

In Tabelle 6.5 sind einige solcher Maßnahmen aufgeführt.

Wenn das Projekt das Budget zu überschreiten beginnt, muss auch überlegt werden, wie bei den noch anstehenden Arbeiten Einsparungen gemacht werden können. Andernfalls muss der Projektumfang eingeschränkt werden, oder es muss um mehr Mittel mit dem Kunden verhandelt werden.

Tabelle 6.5: Maßnahmenkatalog für Korrekturmaßnahmen

1	Neu Verhandeln	Besprechen einer Möglichkeit für eine Fristenverlängerung oder eine Budgeterhöhung mit dem Kunden.
2	Aufholen	Wenn bei angeschlossenen Einzelschritten Zeit verlorenging, muss das Budget und der Zeitplan für die restlichen Arbeiten kontrolliert werden. Vielleicht sind dort Einsparungen möglich, um die Kosten- und Zeitvorgaben doch noch einzuhalten.

Fortsetzung Tabelle 6.5

3	Eingrenzung des Projektumfangs	Es können unwichtige Projektschritte (Wunschliste) gestrichen werden, um Kosten zu reduzieren und Zeit einzusparen.
4	Ressourcen erhöhen	Es können mehr Mitarbeiter und Maschinen für das Projekt eingesetzt werden, um einen wichtigen Termin zu halten. Die Kosten dafür müssen der Wichtigkeit, bzw. dem Nutzen gegenübergestellt werden.
5	Ersatz suchen	Wenn etwas nicht zur Verfügung steht oder teurer als erwartet ist, kann ein Ersatz durch vergleichbare Materialien oder Geräte Einsparungen bringen oder die Arbeit erst ermöglichen.
6	Alternative Quellen	Kann ein Lieferant nicht im vorgegebenen Zeit- oder Kostenrahmen liefern, sollte sofort ein Ersatz für seinen Lieferumfang gesucht werden. Die vom Lieferanten angebotene Alternative kann aber auch einmal akzeptiert werden, ehe er ausgewechselt wird.
7	Teillieferungen	Manchmal kann ein Zulieferer mit Teillieferungen helfen, ein Projekt im Zeitrahmen zu halten und die restliche Lieferung später nachliefern.
8	Zulagen	Das Hinausgehen über die Grenzen des ursprünglichen Vertrages oder das Angebot einer Zulage oder ähnlicher Anreize kann die rechtzeitige Lieferung doch noch ermöglichen.

Fortsetzung Tabelle 6.5

9	Vertragseinhaltung fordern	Manchmal ist es durch die nachdrückliche Aufforderung, auch durch die Androhung einer Pönale möglich, sich an getroffene Abmachungen zu halten, das gewünschte Resultat zu erzielen. Am besten ist es, wenn dies schon Vertragsbestandteil ist. Möglicherweise muss die Geschäftsführung um Unterstützung gebeten werden.

6.3 Der Umgang mit Feedback

Ein Projektleiter hat viele Gelegenheiten, den Mitarbeitern Feedback, also eine Rückmeldung über deren Arbeit oder Verhalten zu verschaffen. Durch Feedback lernt der Mitarbeiter, wie sich sein Verhalten auf andere und auf den Erfolg des Projektes auswirkt. Dadurch kann eine gute Leistung gefördert oder eine schwache Leistung verbessert werden. Bild 6.5 zeigt einen Feedback-Bogen, der zu einer Verbesserung führt.

Sehr wichtig beim Geben von Feedback ist es, sich auf aktuelle, tatsächliche Handlungen und konkrete Ergebnisse zu beschränken, da man die Absicht eines anderen immer nur erraten kann.

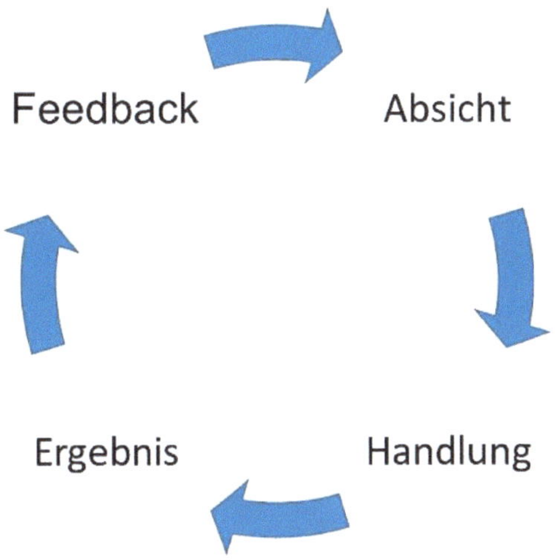

Bild 6.5: Der Feedback-Bogen

Wenn man ein positives Feedback gibt, beschreibt man die Handlungen und Ergebnisse direkt und konkret und schließt eine positive Wertung an. Es wird zum Beispiel gesagt, "Durch Ihren Einsatz gestern Abend konnte der Projektschritt rechtzeitig beendet werden. Ich schätze Ihre zusätzlichen Bemühungen sehr."

In derselben Art und Weise sollte auch ein negatives Feedback formuliert werden. Aber es sollte auch ein weiteres Element eingefügt werden, das dem Mitarbeiter hilft, mit ähnlichen Situationen in Zukunft angemessener umzugehen.

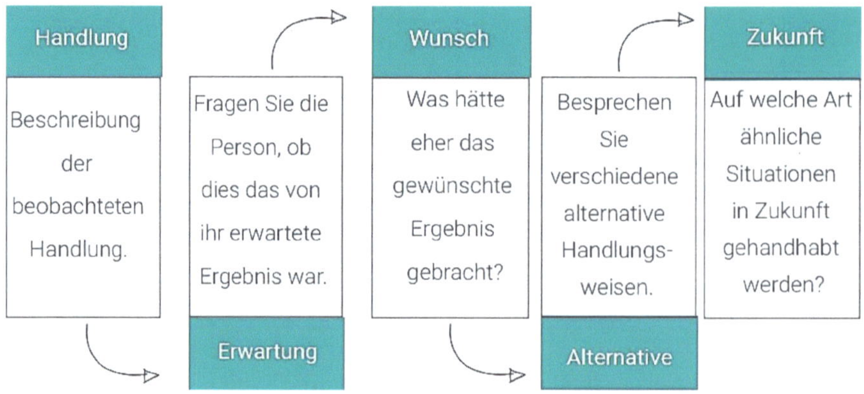

Bild 6. 6 Umgang mit negativem Feedback

Dieses Vorgehen ist allerdings immer nur dann sinnvoll, wenn der Mitarbeiter unabsichtlich unangemessen gehandelt hat. Wenn eine trotzige Ja-Antwort kommt, wird dieses Vorgehen sicher nicht so ablaufen können. Dann müssen andere Methoden angewandt werden, um das Verhalten im Sinne des Projektziels zu verändern (Kapitel 9).

6.4 Kommunikation im Projekt

6.4.1 Projektbesprechungen führen

Projektbesprechungen sind ein sehr wichtiger Bestandteil der Arbeit des Projektleiters. Sie beanspruchen bis zu 20 % seiner auf das jeweilige Projekt bezogenen Zeit.

Verhandlungen sind aber auch ein wichtiges Werkzeug, um den Erfolg eines Projektes zu erreichen, zum Beispiel, indem frühzeitig Probleme erkannt werden.

Ganz wichtig ist bei Besprechungen das Miteinander, wenn sie zu einem positiven Ziel führen sollen. Es muss sichergestellt werden, dass die Parteien gleichberechtigt sind und dass dies allen bewusst ist.

Keine Partei verfügt also über die Macht, um ein Resultat zu erzwingen. Das gerade macht das Verhandlungsgeschick aus.

6.4.1.1 Kommunikationsregeln für Besprechungen

Die Vorbereitung

Der Besprechungsleiter muss das Ziel einer Besprechung, bzw. Verhandlung genau kennen und es den Mitarbeitern ebenfalls möglichst genau mitteilen.

Ein wichtiger Teil der Zieldefinition ist die Überlegung, was zu tun ist, wenn keine Einigung nach den Vorstellungen des Projektleiters oder den Projekterfordernissen erzielt werden kann. Der Einfluss auf das Ergebnis einer solchen Verhandlung basiert auf attraktiven Alternativen, die dann vorgestellt werden können. Je einfacher es für den Projektleiter ist, die Verhandlung abzubrechen oder zu vertagen, desto stärker wird seine Verhandlungsposition.

Alle Teilnehmer einer Besprechung, auch der Projektleiter, sind verpflichtet, die "Hausaufgaben" zu erledigen, das heißt, sie müssen vermeiden, unvorbereitet in der Verhandlung zu erscheinen. Kein Mitarbeiter darf unvorbereitet kommen. Alle Beteiligten sollten sich die Zeit nehmen (können), die sie zur Vorbereitung benötigen, selbst wenn sie um Aufschub bitten müssen.

- Was genau will ich in diesem Gespräch erreichen?
- Was genau will ich in Erfahrung bringen, lernen und herausfinden?
- Was genau will ich bewirken?

Minimierung von Wahrnehmungsunterschieden

Das Bild des Ereignisses, das sich ein Mensch macht, basiert auf seiner "Geschichte" und seiner Erfahrung. Diese kann sich von dem des Verhandlungspartners deutlich unterscheiden. Deshalb darf man nie davon ausgehen, den Standpunkt des anderen zu kennen. Erst durch Hinterfragen können Unklarheiten beseitigt und eine Übereinstimmung erzielt werden. Deshalb ist es sehr wichtig, sehr deutlich eine Sache zu definieren, damit das Gegenüber das Bild bestätigen oder korrigieren kann.

Dabei helfen Fragetechniken, die im Kapitel 9 vorgestellt werden. Durch diese Fragestellungen wird die Situation genau erfasst. Durch genaue Beobachtung erkennt man, was im Gegenüber vorgeht, um anschließend die richtigen Maßnahmen zu treffen.

Zuhören

Aktives, aufmerksames Zuhören ist für effektives Verhandeln eine Verpflichtung. Der Besprechungsleiter muss die anderen zu Wort kommen lassen. Wenn er über 50% der Zeit selbst redet, hört er eindeutig <u>nicht</u> genug zu.

Dazu gehört auch das Respektieren stiller Pausen. Die neuen Eindrücke müssen erst verarbeitet werden, bevor eine Fortsetzung sinnvoll ist. Keiner sollte der Versuchung unterliegen, diese kreativen Pausen mit Reden auszufüllen.

Notizen machen

Das Notieren dessen, was besprochen und was beschlossen wird, ist notwendig. Bei einer hohen Beanspruchung ist es nicht sinnvoll, sich auf das Gedächtnis allein zu verlassen. Deshalb werden die getroffenen Übereinkommen in einem Memorandum zusammengefasst. Dieses Memorandum (Protokoll) muss neben den Maßnahmen auch die Verantwortlichen und die Fristen nennen. Wenn der Projektleiter das nicht selbst tun kann, bestimmt er jemanden vor der Besprechung dazu.

Kreativität einbringen

Ein zu frühes Beenden der Sitzung oder nörgelnde Kritik an Äußerungen der Mitarbeiter dämpft die Spontaneität der Beteiligten. Für die Problemlösung sollte von Anfang an etwas Zeit für alternative oder ungewöhnliche Lösungsvorschläge eingeräumt werden. Während einer solchen Diskussion können alle Ideen wertfrei, das heißt ohne Kritik, vorgetragen werden. Alle Verhandlungen, aber auch die ganze weitere Zusammenarbeit kann von einem solchen kreativen Vorgehen profitieren.

Die andere Partei unterstützen

Gute Verhandlungspartner erkennen, dass das Problem der Gegenpartei auch das eigene Problem ist. Dazu versetzt man sich in die andere Partei und arbeitet mit ihr gemeinsam eine für alle akzeptable Lösung heraus. Schließlich hält eine Abmachung nur, wenn sie von allen getragen wird.

Kompromisse schließen

"Etwas für nichts" zu geben, sollte vermieden werden. Wenigstens ein Versprechen über den guten Willen oder eine zukünftige Rückzahlung muss für das Geben übrigbleiben. Selbst wenn einem selbst die gemachte Zusage nicht so viel wert wie dem Gegenüber ist, gibt es sicher immer etwas, das einem wichtiger ist als der Gegenseite.

Entschuldigungen rasch einbringen

Wenn man sich während der Verhandlung in der Wahl des Wortes vergriffen hat, ist eine Entschuldigung der schnellste und sicherste Weg, bei dem anderen Menschen die negativen Gefühle abzubauen.

Das ist nicht nur notwendig, wenn es um eine persönliche Entschuldigung geht. Auch eine Entschuldigung über die gegenwärtige, verfahrene Situation kann wirksam sein.

So sollte nicht durch feindselige Bemerkungen zu einem schlechten Gesprächsklima beigetragen werden. Feindseligkeit lenkt die Diskussion vom Wesentlichen auf eine Selbstverteidigungsebene, auf der man dem Gegenüber schaden will.

Ultimaten vermeiden

Ein Ultimatum verlangt immer, dass die Gegenseite entweder aufgibt oder den Kampf bis zum bitteren Ende ausficht. Weder das eine noch das andere Resultat wird einer zukünftigen, positiven Kooperation in einem Projekt zuträglich sein. Daher sollte vermieden werden, jemanden in die Enge zu treiben. Das geschieht zum Beispiel, wenn man der Gegenpartei nur Alternativen bietet, die für die andere Seite nicht akzeptabel sind. Dem Gegenüber sollte immer ein Hintertürchen offen gelassen werden.

Realistische Termine setzen

Viele Verhandlungen ziehen sich zu lange hin, weil kein Termindruck (Zeitplan für die Besprechung) besteht. Eine Deadline verlangt von beiden Seiten, dass sie ihre Zeit wirksam einsetzen. Ein realistischer Termindruck animiert beide Seiten zu Zugeständnissen und Kompromissen.

Allerdings sind Termine zu vermeiden, die nicht realistisch sind und nicht eingehalten werden können.

6.4.1.2 Organisation von Besprechungen

Je sorgfältiger Besprechungen vorbereitet werden, desto effektiver werden sie für alle Beteiligten sein. Der Projektleiter gibt die Themen der Besprechung möglichst frühzeitig bekannt, damit sich alle Teammitglieder entsprechend vorbereiten und eventuelle Wünsche oder Korrekturen vorab einbringen können. Tabelle 6.6 zeigt das Beispiel einer Einladung zu einer Projektbesprechung.

Ist die nächste Besprechung zum Beispiel Montag um 14:00, ist ein realistischer Termin für den Eingang aller Anträge und Themenvorschläge bis spätestens Donnerstag 17:00. Konsequenterweise werden später eingereichte Anträge nicht mehr in dieser, sondern in der darauffolgenden Besprechung berücksichtigt.

Das gilt natürlich nicht für hochbrisante, plötzlich aufgetretene Probleme im Projekt. Dafür kann eine Besprechung möglicherweise vollkommen über den Haufen geworfen werden. Aber das sollte auf jeden Fall die Ausnahme bleiben.

Wenn alles nach Plan läuft, kann am Freitag die Tagesordnung für die Besprechung vom Montag bekannt gegeben werden.

Als Grundregel für die Anzahl der Tagesordnungspunkte gilt: 5 ± 2 sind eine sinnvolle Menge. Wichtig dabei ist, dass es keinen Tagesordnungspunkt ohne Aktion gibt. Das gehört in die Rubrik "Verschiedenes".

Die Dauer einer effizienten Besprechung sollte circa 1,5 Stunden betragen.

Ist ein Tagesordnungspunkt abgearbeitet, wird er noch einmal vom Projektleiter oder einem Mitarbeiter zusammengefasst. Die Verantwortung wird genau verteilt (wer macht was?) und der Termin zur Fertigstellung wird angegeben (bis wann?). Um diese Aktion verfolgen zu können, wird sich der Projektleiter einen Vermerk "Wiedervorlage" machen. Der Verantwortliche wird von sich aus den Vollzug, bzw. die Erledigung des Punktes mitteilen, wenn erforderlich auch schriftlich.

Das Protokoll, das von wechselnden Teammitgliedern geführt werden kann, enthält die wichtigsten, mindesten Informationen der Tagesordnungspunkte, welche Resultate die Diskussionen ergaben und welche Aktionen festgelegt wurden. Das ist möglicherweise auch wortwörtlich notwendig. Dazu kann der Protokollführer ohne weiteres darum bitten, dass ihm die Formulierung zum Mitschreiben wortwörtlich diktiert wird.

Wenn eine Besprechung wegen der anstehenden Probleme schon im Vorfeld als eine "Open-End-Veranstaltung" anzusehen ist, sollten das alle Teammitglieder auch im Vorfeld erfahren, um entsprechende Vorkehrungen zu treffen, zum Beispiel private Termine abzusagen.

Die Zeitannahmen sind zum Planen der Besprechung notwendig. So können kontroverse oder ausführliche Diskussionen leicht erkannt und eingeplant werden. Ob die Zeiten dann in der Einladung bekannt gegeben werden sollten, muss jeder für sich entscheiden. Wenn sie bekannt gegeben werden, sind sie für alle ersichtlich und können als Steuerungselement vom Besprechungsleiter genutzt werden.

Die Zeitannahmen sind zum Planen einer Besprechung notwendig. So können kontroverse oder ausführliche Diskussionen erkannt und eingeplant werden. Ob die Zeiten dann in der Einladung bekannt gegeben werden, muss jeder für sich entscheiden. Wenn sie bekannt gegeben werden, sind sie für alle ersichtlich und können als Steuerungselement vom Besprechungsleiter genutzt werden.

6.4.1.3 Präsentationstechniken

An Präsentationen werden heute durch die vielen Möglichkeiten der Multimedia sehr hohe Qualitätsanforderungen gestellt. So lassen sich zum Beispiel schon mit sehr einfachen Mitteln Animationen in eine Präsentation einbinden, die mit Hilfe eines Beamers an die Wand projiziert werden.

Tabelle 6.6: Beispiel einer Einladung zur Projektbesprechung

Beginn:	14:00	Ende:	16:15
Teilnehmer:	Projektleiter, Herr X, Frau Y		
Uhrzeit	was?	wer?	Zeit
14:00-14:05	Begrüßung	Projektleiter	5 min
14:05-14:30	1. Vergleich des geplanten mit dem tatsächlichen Fortschritt	Projektleiter	25 min
14:30-14:40	Diskussion	alle	10 min
14:40-15:15	2. Rückschau auf aufgetretene Probleme und wie diese bewältigt wurden	alle	35 min

Fortsetzung Tabelle 6.6

15:15-15:20	Diskussion	alle	5 min
15:20-15:45	3. Diskussion über anstehende Probleme und Lösungsvorschläge	alle	25 min
15:45-16:00	Diskussion	alle	15 min
16:00-16:15	4. Verschiedenes	alle	15 min (max.30 min)
16:15	Zusammenfassung und Verabschiedung	Projektleiter	

Das wird in einem laufenden Projekt immer wieder notwendig. Dabei sollten einige Grundregeln beachtet werden:

- Überfrachten Sie Ihre Folien nicht mit Inhalt.5 ± 2 Punkte kann der Zuhörer gut aufnehmen, mit mehr fühlt er sich überfordert.
- Schreiben Sie groß genug, damit diejenigen in der letzten Reihe Ihre Folie auch noch lesen können. Gedrucktes kann nicht einfach nur vergrößert auf Folie kopiert werden. Das Ergebnis ist meistens ungenügend.
- Wenn Ihre Zuhörer das vorgetragene Thema das erste Mal hören, geben Sie Ihnen eine Chance in die Materie einzudrin-

gen. Dazu muss klar definiert werden, was beim Vortrag zu erfahren ist und auf welche Art und Weise Sie vorgehen werden.

- Erkundigen Sie sich im Vorfeld, ob nach der Präsentation Zeit für Fragen und Diskussionen vorgesehen ist. Denn, wenn dies nicht der Fall ist, müssen Sie es in Ihrer Vortragsplanung berücksichtigen.
- Überfrachten Sie Ihren Vortrag nicht mit Dingen, die das Thema nur tangieren. Interessierte Zuhörer werden auf Sie zukommen, um weitere Details von Ihnen zu erfahren, die sie besonders interessieren.

In Tabelle 6.7 wird eine allgemeine Präsentationsgliederung gezeigt, mit der Präsentationen sehr erfolgreich vorbereitet werden können.

Wie eine Besprechung ist eine Präsentation in sich selbst ein Projekt und muss sinnvollerweise strukturiert werden. Das effektive Vortragen einer Präsentation erfordert vier Schritte: Planen, Vorbereiten, Trainieren und Präsentieren.

Tabelle 6.7: Allgemeine Präsentationsgliederung

Planen	Informieren Sie sich im Vorfeld über Ihre Zuhörer, indem Sie Fragen über deren, Wissensstand, Erfahrungen, Bedürfnisse und Ziele stellen.
	Definieren Sie den Vortragszweck und das Vortragsziel. Wollen Sie nur informieren oder auch überzeugen, zum Handeln motivieren, etwas verkaufen, jemanden unterrichten oder ausbilden?

Fortsetzung Tabelle 6.7

Vorbe- reiten	Erarbeiten Sie für sich eine positive Grundstimmung, indem Sie Ihrer Aussage den richtigen Wert beimessen, sich Ihren Erfolg vorstellen, sich die Reaktion Ihrer Zuhörer vorstellen und sich selbst motivieren.
	Bereiten Sie eine Einleitung vor, die Aufmerksamkeit erregt, indem Sie eine Frage stellen, die Ihre Zuhörer direkt anspricht und in die Thematik mit einbezieht, Sie von einem relevanten, möglichst aktuellen Ereignis berichten.
	Illustrieren und unterstützen Sie Ihre Argumente mit Begründungen und Anschauungsmaterialien wie Statistiken oder Analogien, Experimenten oder anderen Demonstrationen, Ereignissen bereits vorhandenen Ergebnissen und Beweisstücken.
	Bereiten Sie ein einprägsames Schlusswort vor, indem Sie das Publikum zu etwas herausfordern, vielleicht sogar etwas provozieren, oder eine motivierende Aussage machen, den Hauptnutzen Ihres Vortrags in einer überzeugenden Zusammenfassung wiederholen.
Trainie- ren	Stärken Sie Ihr Selbstvertrauen, indem Sie sich vor Augen halten, dass Sie durch Ihre Kompetenz das Recht haben, diese Präsentation zu halten, dieses interessante Thema Ihren Zuhörern zugänglich machen möchten.
.	Trainieren Sie Ihre Präsentation und überprüfen Sie Ihr Anschauungsmaterial auf Klarheit und Einprägsamkeit, Bedeutung, Sichtbarkeit und optische Wirkung, Qualität.

Fortsetzung Tabelle 6.7

	Wenn Sie ungeübt sind oder es um "Etwas geht", üben Sie Ihre Präsentation vor vertrauten Zuhörern. Erbitten Sie Feedback und Ratschläge für stilistische und inhaltliche Punkte wie Ihren Vortragsstil, Ihre Körperhaltung und -bewegungen, Ihre Sprache (Sagen Sie immer wieder "äh"?), eine wirksame Einleitung und ein einprägsames Ende, klare Argumente (5 ± 2) und glaubhafte Begründungen, etc. , logische Gedankenführung ("roter Faden") und die Darstellung der erzielten Ergebnisse.
Präsentieren	Machen Sie sich auch während des Vortragens immer wieder klar, dass Sie ausgesucht wurden, die Verantwortung tragen und die Gelegenheit wahrnehmen, hier Ihre Ergebnisse darzustellen.
	Sie werden sicher und selbstbewusst durch die Tatsache, dass Sie das Thema beherrschen, Ihre Präsentation gut vorbereitet und eingeübt haben, dem Publikum eine wichtige Aussage vermitteln können.
	Der erste Eindruck ist der wichtigste, deshalb stellen Sie Augenkontakt mit den Zuhörern her, achten Sie auf eine selbstbewusste Körpersprache, entspannen Sie sich, achten Sie auf ein gepflegtes Äußeres.
	Stellen Sie Kontakt zum Publikum her, indem Sie aufrichtig sind und sich natürlich geben, "wir" und "uns" sagen, nicht "ich", wenn Sie in einer Gruppe arbeiten, oder gar "die", Ihre Zuhörer immer wieder direkt ansprechen und so Ihr Interesse wecken.

Fortsetzung Tabelle 6.7

	Erhalten Sie sich die Aufmerksamkeit der Zuschauer, indem Sie Begeisterung zeigen, alle fünf Sinne benutzen, um das Thema zu beschreiben, zum Beispiel verwenden Sie neben den Folien lebendige Worte oder beziehen die Vorstellungskraft Ihrer Zuhörer ein (Kapitel 9), zum Beispiel eine das Thema ausschmückende Geschichte erzählen, sich klar und prägnant ausdrücken und mit Begeisterung sprechen, und eventuell auf die richtige Körperbewegung achten.
	Zur Bestätigung und Verbesserung Ihres Präsentationsstils messen Sie den Erfolg Ihres Vortrags an der Resonanz Ihrer Zuhörer, identifizieren Sie die Stärken und die verbesserungsfähigen Vortragsteile. Notieren Sie sich diese Verbesserungen für Ihre nächsten Vorträge.

6.4.2 Erfolgreiches Telefonieren

Währen der Projektarbeit muss sehr viel telefoniert werden. Wer die Grundregeln der Kommunikation am Hörer beachtet, kann sich und sein Anliegen effektiv präsentieren.

Gesprächsvorbereitung

Eine gute Vorbereitung und eine klare Zielorientierung werden vom Gesprächspartner garantiert honoriert, weil sie Professionalität und Aufmerksamkeit signalisiert. Dabei kann eine standardisierte Fragenliste helfen, die auf die persönlichen Anforderungen zugeschnitten wird:

- Welche Fragen habe ich?

- Welche Fragen können auf mich zukommen?
- Was beinhaltet der letzte Schriftwechsel?

Jede treffende Antwort macht selbstsicherer.

Die ersten Sekunden

Die ersten Sekunden eines Telefonats entscheiden über Sympathie oder Antipathie, vor allem, wenn der Gesprächspartner noch nicht bekannt ist. Der Begrüßung kommt also eine entscheidende Bedeutung zu.

Die Meldung, wenn man anruft oder angerufen wird, beginnt mit einem Gruß, zum Beispiel "Guten Morgen", "Guten Tag" oder "Guten Abend", dann der Nennung des eigenen Namens, eventuell mit Vor-und Nachname und dem Namen des Unternehmens, eventuell auch die Nennung des Projektes oder der Abteilung. Und das alles langsam und deutlich gesprochen.

Es ist nicht professionell, sich mit "Hallo?" zu melden. Der Anrufer möchte erst einmal wissen, ob er richtig verbunden ist, besonders, wenn er zum ersten Mal anruft.

Genauso schlimm ist es, die Namen und Bezeichnungen wie eine lästige Pflicht herunterzuleiern oder im Akkord auszusprechen.

Aktives Zuhören

Am besten fasst man sich kurz. Nach maximal drei bis fünf Sätzen kommt eine Ankerfrage "Was halten Sie davon?". Damit kommt das Gegenüber zu Wort. Auf diese Weise erhält man wichtige Informationen über die Bedürfnisse und die Stimmung des Gesprächspartners. So kann das weitere Vorgehen besser eingeschätzt werden. Dies ist besonders dann angebracht, wenn sich der Gesprächspartner in einer Besprechung befindet oder mit dem Auto unterwegs ist.

Die Körperhaltung

Aufrechtes Sitzen oder sogar Stehen macht die Stimme freier und fester, weil man besser atmen kann. Dazu sollte der Hörer nicht zwischen Schulter und Wange eingeklemmt werden, auch wenn man beim Gespräch etwas notieren muss, denn dadurch wirkt die Stimme unwillkürlicher gedrückt. Profis benutzen Kopfhörer.

Besonders das Aufsprechen auf einen Anrufbeantworter sollte ruhig, deutlich und freundlich sein. Neben dem Anliegen ist die Angabe der Uhrzeit und der eigenen Telefonnummer wichtig, die langsam gesprochen und einmal wiederholt werden sollte.

Das Gesprächsklima

Durch eine persönliche Atmosphäre wird ein angenehmes Gesprächsklima erzeugt. Das beste Mittel dazu ist das Nennen des Namens des Gesprächspartners. Das schafft eine vertraute Situation.

Auch Worte persönlicher Anerkennung einzustreuen, zum Beispiel: "Danke, dass Sie gleich zurückgerufen haben.", schaffen eine gute Atmosphäre.

Aber alle Übertreibungen sollten natürlich unterlassen werden. Das würde dann wie ein Kalkül und damit unecht wirken.

Vergreift sich einmal ein Gesprächspartner im Ton, zum Beispiel bei einer Reklamation, kann die eigene Freundlichkeit die meisten Attacken im Keim ersticken. Solche Situationen verlangen aber ein Höchstmaß an Einfühlungsvermögen. Gerade diese schwierigen Momente sind es, in denen ein Mitarbeiter beweisen kann, wie kundenfreundlich und flexibel er ist.

Präzision

Genauigkeit ist ein entscheidendes Kriterium für den Erfolg oder Misserfolg eines Telefonats. Gerade wenn Abmachungen über Projektvereinbarungen getroffen werden, können Missverständnisse fatale Folgen haben. Deshalb muss sehr konzentriert zugehört werden.

Wenn man das Gefühl hat, dass beide Gesprächspartner zwar das Gleiche sagen, aber nicht das Gleiche meinen, sollte höflich nachgefragt und die Absprache präzisiert werden, bis beide Gesprächspartner genau wissen, was sie voneinander erwarten.

Alle Sinne ansprechen

Falls eine Situation oder ein Produkt beschrieben werden muss, das der Gesprächspartner nicht kennt, so sollte es möglichst anschaulich umschrieben werden.

Dabei sollte man versuchen, alle fünf Sinne anzusprechen, das Sehen, das Hören, das Fühlen, das Riechen und das Schmecken. Das Telefon kann zwar keinen Geruch, keinen Geschmack und meist keine Abbildung übermitteln, aber durch die sprachliche Beschreibung allein kann der Gesprächspartner sein eigenes Bild entstehen lassen.

Kurze Zusammenfassung

Zum Abschluss eines Telefonats gehört immer eine kurze Zusammenfassung. Das ist auch eine elegante Möglichkeit, dem Gegenüber zu signalisieren, dass das Telefonat beendet wird, wie zum Beispiel die Frage, "Kann ich sonst noch etwas für Sie tun?"

Wenn keine Fragen mehr bestehen, wird das Telefonat in knappen, klaren Worten zusammengefasst. Es sollte dann auch noch geklärt werden, ob es beiden hilft, wenn das Resultat schriftlich festgehalten wird.

Tabelle 6.8: Internationales Alphabet zum Buchstabieren; () deutsches Alphabeth

A = Alpha	B = Bravo	C = Charlie	D = Delta	E = Echo	F = Foxtrott
G = Golf	H = Hotel	I = India	J = Juliette	K = Kilo I	L = Lima
M = Mike	N = November	O = Oscar	P = Papa	Q = Quebec	R = Romeo
S = Sierra	T= Tango	U = Uniform	V = Victor	W = Whiskey	X = X-Ray
Y = Yankee	Z = Zulu	(SCH = Schule)	(Ch = Chor)	(Ph = Pharao)	(Ä = Ärger)
(Ö = Österreich)	(Ü = Übel)				

Informiertheit

Muss das Telefon eines Kollegen oder gar des Projektleiters bedient werden, sollte jedes Teammitglied in einem gut organisierten Projekt immer wissen, wo sich der gewünschte Gesprächspartner wie lange aufhält. Desinteresse demonstrierende Sätze wie: "Der ist noch nicht da" oder "Keine Ahnung, wann die kommt" dürfen niemals fallen.

Stimmungen

Die eigene schlechte Laune oder ein schlechter Tag ist grundsätzlich das eigene Problem, niemals das des Gesprächspartners. Mitarbeiter, die sich nicht beherrschen können, ihren privaten Ärger einzubringen, richten einen irreparablen Schaden an.

Zeiten zum Telefonieren

Es gibt Zeiten, die nicht zum Telefonhörer geeignet sind. Zum Beispiel, wenn der Gesprächspartner kurz vor einer Konferenz ist oder kurz vor Feierabend oder am letzten Tag vor dem geplanten Urlaub.

Auch eine einmalige Erlaubnis, am Abend privat oder auf Handy anzurufen, ist kein Freibrief, das in Zukunft immer zu tun.

Das offizielle Alphabet

Am besten ist die Verständigung, wenn nach der offiziellen Norm buchstabiert wird. Das hilft dem Gesprächspartner

erheblich, die Dinge richtig zu notieren und nicht ständig nachfragen zu müssen. Tabelle 6.8 gibt das offizielle Alphabet für Deutschland, die Schweiz und Österreich wieder.

6.5 Zeitplanung und Prioritätenmanagement

Die Götter gaben uns ein langes Leben,

aber wir haben es verkürzt.

Seneca

Zeitplanung ist das Kernstück jeglicher Arbeitsmethodik sowie eines erfolgreichen Selbstmanagements.

Oft genug hören wir bei Projektbesprechungen oder bei der Verteilung der anstehenden Aufgaben, dass der Mitarbeiter "schon bis oben hin zu" ist. Ein Projektmitarbeiter äußerte sich mit dem Beispiel seiner Whiskeyflaschen, "Wenn ich ein Regal habe für meine zehn Lieblingswhiskeyflaschen und ich stelle noch eine elfte darauf, dann fällt eine runter."

Das ist wahr. Aber wenn es unsere Lieblingswhiskeyflaschen wären, dann würden wir das Problem auch anders lösen. Folgende Antworten in Tabelle 6.9 kommen spontan.

Niemand würde die Flasche fallen lassen. In Projekten wird das trotzdem getan, indem viele den Kopf in den Sand stecken und vergessen.

In vielen Projekten haben die Mitarbeiter tatsächlich genug zu tun. Trotzdem gibt es immer wieder Möglichkeiten, sich selbst zu erforschen und das eigene Zeit-und Prioritätenmanagement neu zu organisieren.

Auch da gilt wieder: Definieren Sie Ziele!

In Kapitel 9 wird noch intensiver auf die Zieldefinition eingegangen. Hier wird das Wichtigste anhand von Covey, Merill, Merill /6.2/, /6.3/ Zeitquadranten nach dem EISENHOWER-Prinzip (Bild 6.7) eingegangen, die all das zusammenfassen, was seit Jahrzehnten an Zeitplanung und Prioritätenmanagement gelehrt wird und es auf den Punkt bringt.

Tabelle 6.9: Problemlösungen bei zu vielen Aufgaben

Auf dem Whiskeyregal	Im Projekt
Ich trinke eine angefangene Flasche aus und kann sie durch die neue ersetzen.	Ich beende eine Aufgabe und habe Zeit für die Neue.
Ich verschenke eine der Flaschen, möglicherweise die, die ich sowieso nicht so mag.	Ich prüfe die Prioritäten der anstehenden Aufgaben neu und delegiere die unwichtigeren Aufgaben.

Um einen Überblick zu bekommen, teilen wir alle Aktivitäten, beruflich oder privat, in vier die Quadranten auf.

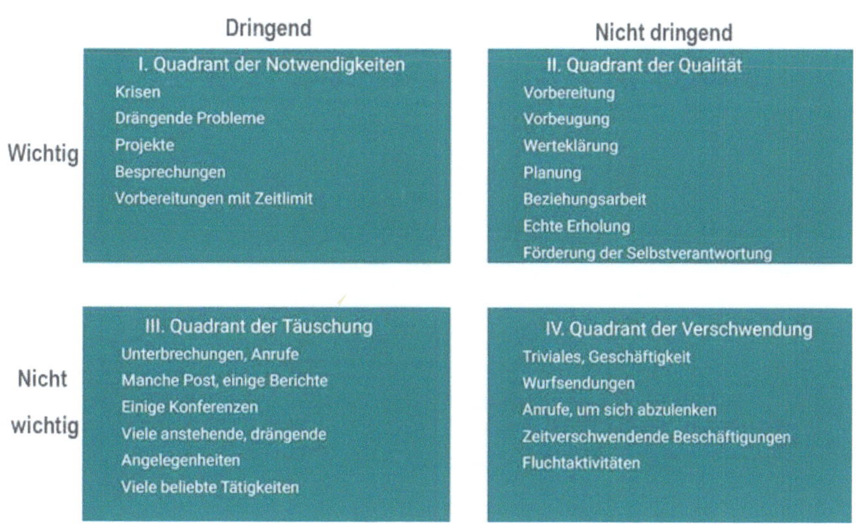

Bild 6.7: Zeitquadranten nach Covey, Merill, Merill /6.2/, /6.3/

I Quadrant der Notwendigkeit

Die Aktivitäten in diesem Quadranten sind sowohl dringend als auch wichtig sind. Hier sprechen wir mit dem Kunden, halten einen Termin ein, reparieren eine defekte Maschine, werden am Herzen operiert oder helfen einem weinenden Kind, das verletzt worden ist.

Wenn wir ihn ignorieren, werden wir unter einem Berg von Pflichten begraben. Aber wir müssen auch erkennen, dass viele Angelegenheiten erst durch Zaudern oder durch mangelnde Planung und Vorbeugung dringend werden.

Wir können nicht abwarten, wenn ein Aggregat ausfällt oder mit dem Trösten eines Kindes am nächsten Tag beginnen. Das muss sofort geschehen.

II Quadrant der Qualität

Quadrant II erhält Tätigkeiten, die nicht dringend, aber wichtig sind.

Hier machen wir unsere langfristigen Planungen, beugen abzusehenden Problemen vor, fordern die Selbstverantwortung von uns und anderen, erweitern unseren Horizont und steigern unsere Fähigkeiten durch Lesen und kontinuierliche berufliche Entwicklung, bereiten uns auf wichtige Treffen und Präsentationen vor und engagieren uns durch aufrichtiges Zuhören für tiefe Beziehungen.

Je mehr Zeit wir in diesem Quadranten verbringen, desto größer wird unsere Handlungsfähigkeit. Ein Ignorieren dieses Quadranten lässt den Quadranten I anschwellen und führt zu Stress, Erschöpfung und tiefe Lebenskrisen.

Umgekehrt lässt großes Engagement in Quadrant II den Quadranten I schrumpfen. Planung, Vorbereitung und Vorbeugung sorgen dafür, dass viele Dinge erst gar nicht zu dringenden Angelegenheiten werden.

Quadrant II wirkt nicht auf uns ein, wir müssen auf ihn einwirken.

Das gilt auch für das Privatleben. Wie oft glauben wir uns mit einem Computerspiel zu erholen oder lassen uns vom Fernseher berieseln, statt spazieren oder ins Bett zu gehen.

III Quadrant der Täuschung

Quadrant III ist fast eine Kopie von Quadrant I, aber er enthält Dinge, die dringend, aber nicht wichtig sind.

Der Trubel des Dringlichen erzeugt eine Illusion von Wichtigkeit. Aber die entsprechenden Tätigkeiten sind höchstens für jemand anderen wichtig, Viele Anrufe, Besprechungen und Zufallsbesucher fallen in diese Kategorie.

Wir verbringen viel Zeit in Quadrant III und werden dabei, im Glauben, uns in Quadrant I zu befinden, den Prioritäten und Erwartungen anderer gerecht.

Immer wieder wird in Zeitmanagement-Seminaren gepredigt (Zeit kann man nicht managen, nur das Beste aus der uns gegebenen Zeit machen!), dass verschiedene Arbeiten, zum Beispiel Telefonanrufe, gesammelt bearbeitet werden sollen. Der Hintergrund ist, dass wir durch jeden Anruf in unserer Arbeit unterbrochen werden und danach wieder neu beginnen müssen. Das kostet nicht nur Zeit, sondern auch Energie. Ganz zu schweigen, wenn in einer Besprechung fünf Mitarbeiter warten müssen, bis der Projektleiter mit dem Anruf fertig ist. Dann kostet fünfmal die Arbeitszeit.

IV Quadrant der Verschwendung

Quadrant IV ist jenen Tätigkeiten vorbehalten, die weder dringend noch wichtig sind. Natürlich haben wir dort eigentlich nichts verloren, aber oft sind wir von unseren Kämpfen in Quadrant I und III so mitgenommen, dass wir uns in Quadrant IV flüchten, um wieder Luft zu bekommen. Und was finden wir dort?

Nicht unbedingt erholsame Dinge, denn echte Erholung ist eine wertvolle Quadrant-II-Tätigkeit. Das Lesen von leichten Romanen, das Konsumieren geistloser Fernsehsendungen oder der Kaffeeklatsch im Büro lassen sich der Zeitverschwendung in Quadrant IV zuordnen.

Aber der Quadrant IV dient nicht dem Überleben, er wirkt zersetzend. Wenn die Anfangsfreude über das süße Nichtstun verflogen ist, stellt man fest, dass man in diesem Quadranten nicht nur seine Zeit, sondern auch sich selbst verliert.

Deshalb ist es wichtig, sich selbst immer wieder auf das Wesentliche zu konzentrieren, Ziele zu definieren und immer wieder neu zu definieren, wenn sich die Situation verändert hat.

Ein paar Hinweise zur Planung und Organisation sind in den nächsten Kapiteln erwähnt.

6.5.1 Schriftliche Planung und Terminplaner

Nicht nur die Zieldefinition erfolgt schriftlich, auch die persönliche Planung. Das schriftliche Fixieren forciert uns ganz konkret mit der Aktivität zu befassen. So kann sie auch nicht mehr vergessen werden. Es gibt dafür inzwischen die verschiedensten Methoden, zum Beispiel Ringbücher mit austauschbaren Kalendarien und Papieren oder Kleincomputer, die stets mitgeführt werden können, aber trotzdem die Möglichkeit zum Austausch mit dem Firmennetzwerk haben.

Jeder muss selbst entscheiden, wie er planen will und mit welcher Exaktheit. Früher wurde eine ganz minutiöse Zeitplanung geschult, zum Beispiel 8:45-9:30 Telefonate führen, 9:30-10:00 Post bearbeiten. Das ist nicht für jeden die geeignete Methode. Stattdessen bevorzugt zum Beispiel ein Mitarbeiter tägliche To-Do-Listen und arbeitet diese ab. Das muss jeder für sich selbst herausfinden.

Aber es funktioniert, durch überlegte Aufgabenbündelung die Arbeit zu optimieren und die Zeitdiebe in den Griff zu bekommen.

Wenn es sich um einen überfüllten Schreibtisch handelt, gibt es nur die vier Möglichkeiten, in zu räumen. Sie können die Unterlagen

- wegwerfen,
- weiterleiten,
- ablegen,
- bearbeiten.

Wenn Sie sich dabei keine weitere Alternative lassen, leert sich der Schreibtisch zusehends. Lassen Sie keine fünfte Möglichkeit zu, möglichst schon bei der Postbearbeitung. Es gibt nichts, was Sie erst einmal zur Seite legen müssen.

Wegwerfen

Als Projektleiter müssen Sie Nein sagen können und damit Prioritäten setzen. Das gilt auch für die Papiere auf Ihrem Schreibtisch. Werfen Sie weg, was weg kann. Fragen Sie sich: "Wann haben wir die Unterlagen zum letzten Mal benutzt?" Weniger hilfreich ist die Frage, ob Sie etwas eventuell noch einmal brauchen können. Die Antwort darauf lautet immer: "Ja."

Alles,

- was unproblematisch zu ersetzen ist (Broschüren, Kataloge, Zeitschriften)
- was für Sie und Ihren Vorgesetzten nur von geringem Wert oder Interesse ist (Einladungen zu Veranstaltungen, zu denen doch niemand geht)
- was für Sie nur zur Kenntnisnahme ist
- was für Sie und Ihren Vorgesetzten unwichtig ist

kommt weg. Auch hier ist wieder das Ziel des Projektes gefragt.

Weiterleiten

Weiterleiten ist fast so praktisch wie der Einsatz des Papierkorbs. Sie bekommen mit wenig Aufwand die Stapel vom Schreibtisch. Unterscheiden Sie zwischen Unterlagen, die in Ihren Aufgabenbereich fallen und solchen, die zwar an Sie gerichtet sind, die Sie jedoch nicht selbst bearbeiten müssen. Geben Sie diese Schriftstücke sofort an die entsprechende Person oder Abteilung weiter. Prüfen Sie, wenn möglich, bei den Aufgaben, ob andere sie nicht schneller, besser und kostengünstiger erledigen könnten.

Ablegen

Ablage ist die Tätigkeit, die von den meisten Menschen ungern gemacht wird. Es stapeln sich oft wochenlang Unterlagen, Papiere, Aktennotizen. In der Tat kostet Ablage viel Zeit. Die benötigte Zeit für die Ablage hängt von der nach Art der Registratur, Hängemappe, Ordner, Pendelhefter ab. Am meisten verbreitet ist der Ordner. Aber die Hängemappe ist die effektivste Form der Ablage bei konventionellem Schriftgut, das heißt bei DIN-A4-Blättern.

Neben den ersparten Personalkosten haben Hängemappen noch weitere Vorteile: kurze Zugriffszeiten, hohe Flexibilität durch die Anpassung ans Volumen, identische Ablage in allen Stufen, sehr gute Übersicht durch Reiter, ideal für den "Einwurf" des Schriftgutes von oben.

Einige Kriterien für eine gute und effiziente Ablage sind

- Die "Wieder-Finde-Rate" ist hoch.
- Nur das wirklich Wichtige wird abgelegt.
- Die Zeit der Ablage pro Schriftstück ist kurz.
- Die Kosten (Personal, Räume, Möbel) für den "Unterhalt" der Ablage sind angemessen.

Bearbeiten

Das sind die Aufgaben, die sie Sie selbst erledigen müssen. Stellen Sie 4 Postkörbe vor sich auf den Schreibtisch und sortieren Sie diese Arbeiten in folgenden Kategorien ein

- Korb A: Lesestoff
- Korb B: Korrespondenz, Post, Gesprächsnotizen
- Korb C: Telefonate
- Korb D: Sonstige Aktivitäten, beispielsweise Reisekostenabrechnungen, Besprechungsvorbereitung, Reiseplanung.

Dann können Sie Ihre Arbeiten durch Aufgabenbündelung strukturieren. es können gleichartige Aufgaben in einem Block bearbeitet werden. Besonders einfach lassen sich Routinetätigkeiten bündeln, beispielsweise Postbearbeitung, Telefongespräche, Besprechungen, Termine mit Kunden, Angebotserstellung, Rechnungsbearbeitung.

Dabei verschaffen Sie sich auch einen Überblick der anfallenden Routine aufgaben. Für diese Aufgaben können wöchentliche oder gar monatliche Arbeitsblöcke eingerichtet werden.

Für viele Projektleiter reicht diese Sortierung nicht aus, um den Arbeitsalltag zu optimieren. Wenn nicht alle Arbeiten, die anstehen, termingerecht zu erledigen sind, dann müssen diese Aktivitäten auch nach noch Priorität geordnet werden.

Prioritäten entscheiden sich immer nach der Wichtigkeit und nicht ausschließlich nach Dringlichkeit, den Terminen. Die Unfähigkeit, dringende von wichtigen Dingen zu unterscheiden, ist einer der größten Zeitdiebe.

Hier wird noch einmal auf das EISENHOWER-Prinzip hingewiesen, durch dessen Anwendung Wichtiges von Dringendem unterschieden wird.

Auch das PARETO-Prinzip /6.4/ ist eine Möglichkeit, die Entscheidungen zu beschleunigen. Pareto, ein italienischer Volkswirt und Soziologe (1848-1923), hat Anfang des 20. Jahrhunderts durch statistische Untersuchung herausgefunden, dass 20 Prozent der italienischen Familien 80 Prozent des italienischen Volksvermögens besaßen. Er hat dann nachgeprüft, ob sich dieses Verhalten auch auf andere Gebiete übertragen lässt. Seine 20:80- oder 80:20- Regel heißt

„Innerhalb einer Gruppe oder Menge weisen einige wenige Teile einen weitaus größeren Wert auf, als dies ihrem relativen, größenmäßigen Anteil an der Gesamtmenge in dieser Gruppe entspricht."

Für Projekte bedeutet das beispielsweise,

- dass 20 Prozent der Projektpartner so wichtig sind, dass sie für 80 Prozent des Projektes stehen,

- dass 20 Prozent der Leistungen 80 Prozent des Projektes bringen,
- dass 20 Prozent der Fehler 80 Prozent des Ausschusses verursachen,
- dass 20 Prozent der Papiere 80 Prozent der für den Projektleiter wichtigen Informationen enthalten.

Für die Arbeitsorganisation bedeutet das PARETO-Prinzip grundsätzlich, dass 20 Prozent der Aufgaben sind so wichtig, dass damit 80 Prozent des Arbeitserfolges erreichen werden. Deshalb sollten also nicht zuerst die leichtesten, interessantesten, kürzesten oder die Lieblingsaufgaben erledigt werden, sondern immer zuerst die bedeutendsten oder wichtigsten.

Wenige Dinge oder Menschen tragen zum Erfolg in hohem Maße bei. Die wichtigsten Impulse gehen von einer kleinen Einheit aus. Deshalb ist es so ungemein wichtig, die richtigen Prioritäten zu setzen.

Versuchen Sie so oft wie möglich, nach Wichtigkeit zu entscheiden. Wenn kontrolliert mit der Prioritätenbildung umgegangen wird, ist man gelassener, auch wenn abends noch Arbeit auf dem Schreibtisch liegt. Der Projektleiter kann dann sicher sein, dass er die wichtigsten und damit die richtigen Aufgaben erledigt hat. Die anderen müssen warten.

Was ihn hindert, die Prioritäten konsequent zu verfolgen, sind Störungen: Unerwartetes, Spontanes, seine Abneigung „Nein" zu sagen und auch sein "Innerer Schweinehund". Aber der größte "Unsicherheitsfaktor" in der Planung ist jedoch die Fremdbestimmung. Auch diese Fakten müssen mit einplant werden. Es muss jedes Mal eine neue Entscheidung getroffen werden, ob und an welcher Stelle diese Aufgaben erledigt werden. Nicht alles, was eilig ist, ist auch wirklich wichtig.

Zusätzlich kann auch noch die eigene Leistungskurve mitberücksichtigt werden. Die Fragestellung "Wann ist die beste Zeit für welche Arbeit?" klären die meisten Führungskräfte für sich, indem sie vor oder nach der Kernzeit, ihre Aufgaben in Ruhe abarbeiten, weil sie nur dann ungestört sind.

Zeitfresser und Gegenstrategien

Ein Prinzip bei der Bearbeitung sollte sein, „Lose Ende zu verbinden". Wenn immer es möglich ist, werden die begonnenen Arbeiten beendet. Statt in der To-Do-Liste zu notieren, dass ein Brief mit bestimmtem Inhalt zu schreiben ist, ihn sofort zu diktieren oder wenigsten einen Entwurf davon anzufertigen.

Auch das jeweilige Auf- und Wegräumen von nicht benutzen Unterlagen schafft mehr Freiraum. Dazu eignen sich Hängemappen oder Klarsichthüllen. Oder heute das fast „Papierlose Büro".

Eine Zeitorganisation einführen, um sich große Zeiträume zu schaffen. 50 Minuten zusammenhängend sind wirksamer als 5 * 10 Minuten, denn Arbeitsunterbrechungen bringen Zeit- und Konzentrationsverluste. Wir müssen jedes Mal wieder von vorne anfangen und erreichen nie die Arbeitstiefe wie bei einer kontinuierlichen, konzentrierten Arbeit (Bild 6.8).

Besprechungen und Präsentationen werden genau geplant. Gerade bei Besprechungen mit vielen (Führungs-) Kräften wird durch Wartezeiten, Telefonate der Entscheider, etc. viel Geld verloren. Zudem hat eine Zeitplanung auch noch eine steuernde Wirkung (Controlling).

Die Tagesplanung dient dem Prioritätenmanagement. Hier werden die To-Do-Listen nach Wichtigkeit geordnet. So gehen keine brisanten Dinge verloren.

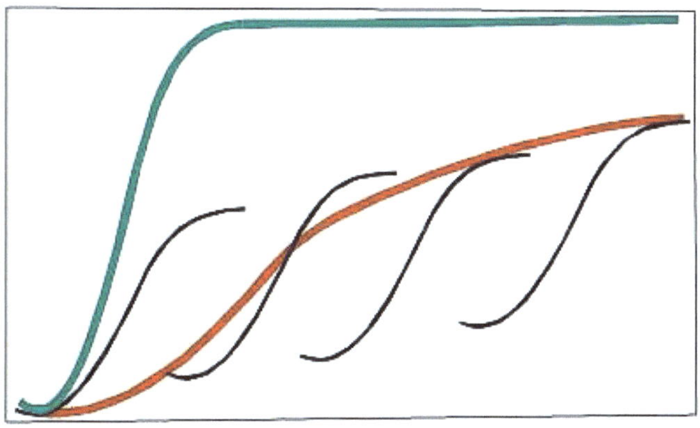

Bild 6.8: Arbeitsunterbrechungen

Projektpläne lassen sich auch für kleine Projekte aufstellen. Das Sammeln und Sofort-in-die-richtige-Reihenfolge-Stellen, ermöglicht eine klare Struktur der anstehenden Aufgabe und lässt weniger Informationen verloren gehen.

6.6 Konfliktmanagement

Stolperfalle 12

Wenn Zeit-und Ressourcenkonflikte nicht gelöst werden!

Durch eine effiziente Zeitplanung oder Prioritätenmanagement müssen die wichtigsten Aufgaben und Prozesse durch den PL oder das Team definiert und geordnet werden. Die Verantwortlichkeit muss am Besten im Vorfeld geklärt werden.

Stolperfalle 13

Wenn die personellen Konflikte im Team nicht gelöst werden!

Gerade der Projektleiter sollte allgemeine Konfliktursachen erkennen und lösen können, denn bestimmte Konflikte im Team sind ganz normale Prozesse, die immer wieder durchlaufen werden müssen (**Teamuhr nach Tuckman** (Bild 6.9)).

6.6.1 Ursachen von Konflikten

Überall, wo Menschen in enger Beziehung zueinander stehen, gibt es eine große Anzahl von Konfliktherden, die, unbewältigt, einen Teil unserer verfügbaren Energie blockieren.

Denn, was für eine Abteilung oder eine Gruppe am besten ist, ist nicht immer für alle anderen ideal. Dennoch können aus solchen Konflikten sehr kreative Lösungen entstehen, wenn man sie richtig handhabt. Geschickte Konfliktlösung ist eine wichtige Fähigkeit eines erfolgreichen Projektleiters.

Allgemeine Konfliktursachen

Konflikte entstehen dadurch, dass jeder Mensch im Lauf seines Lebens individuell unterschiedliche Erfahrungen sammelt. Sein Bild von der Welt entsteht so. Es entwickelt sich durch seine Familie, mit deren Werten und Einstellungen, seinem Umfeld, seiner Kultur und nicht zuletzt durch die Menschen, denen er tagtäglich begegnet. Jeder Mensch wird so einzigartig und hat einen eigenen Charakter. Daraus entstehen ganz individuelle Erwartungen gegenüber seinen Mitmenschen und seiner Umwelt.

Werte und Grundsätze sind somit feste Bestandteile einer jeden Persönlichkeit. Angriffe auf diesen, sehr sensiblen Bereich wirken auf der Gefühlsebene. Mit der In-Frage-Stellung der Werte und Grundsätze einer Person wird immer auch die Persönlichkeit in Frage gestellt.

Das ist ein großes Potential für Konflikte. Verschiedenste Erwartungen und Einstellungen treffen aufeinander. Zu Beginn einer Beziehung ist zunächst kein Verstehen der "Andersartigkeit" vorhanden. Diese muss wahrgenommen und schließlich akzeptiert werden. Im besten Fall wird sie nachvollzogen und verstanden. Nur wer sich selbst kennt und andere in ihrem Anderssein würdigt, kann auf andere Rücksicht nehmen. Alle Menschen wollen mit Respekt behandelt werden. Diese Rücksichtnahme aber schon eine intensive Beziehung zwischen diesen zwei Menschen an. In den Konfliktlösungsmethoden werden die Beziehungen zwischen zwei oder mehreren Menschen ausführlicher untersucht.

Um das Konfliktpotential zu reduzieren, ist es sehr wichtig, nicht sofort von sich auf andere zu schließen. Die eigene Sichtweise, die eigenen Erwartungen, die eigene Art etwas anzupacken ist nicht die einzig Richtige.

Eine geschärfte Wahrnehmungsfähigkeit für andere und ihre Handlungen ist eine wichtige Voraussetzung für das Erkennen der Unterschiede. Vorteilhaft ist ebenfalls, soweit möglich, fremden Menschen vorurteilsfrei zu begegnen sowie empathisches Einfühlungsvermögen. Erkennt man die Gründe für ein abweichendes Verhalten, fällt es deutlich leichter dieses zu verstehen und zu akzeptieren. Ist das Zusammenleben von gegenseitigem Verständnis und Akzeptanz geprägt, gestaltet es sich angenehmer. Dispute müssen nicht eskalieren und können konstruktiver sein.

Motamedi /6.6/ nennt fünf Gründe als Konfliktursachen

- Digitalisierung,
- eigene Drehbücher der Erfahrung,
- sich selbst erfüllende Prophezeiungen,
- divergierende Ziele und Interessen,
- Werte und Grundsätze.

Die Digitalisierung, also die Reduktion der Information durch die Sprache, engt die Vielfalt der Ausdrucksmöglichkeiten unseres Denkens und Fühlens stark ein. Kommunikation ist viel mehr als das gesprochene oder gar geschriebene Wort. Die Komplexität der Kommunikation wird im Kapitel 9 ausführlich besprochen.

Bei jedem Menschen sind Drehbücher der Erfahrung vorhanden. Er speichert sein Wissen und seine Erfahrungen in solchen Drehbüchern ab und aktiviert sie bei Bedarf. Beispielsweise existieren Drehbücher für Begrüßungen, Telefonate oder Restaurantbesuche und bestimmen die Handlungsabfolge. Zusätzlich werden durch sie Erwartungen und Einstellungen geprägt. Je komplexer die Alltagserfahrungen sind, desto geringer ist die Aufnahmefähigkeit für das tatsächliche Geschehen. Die daraus resultierende Unflexibilität macht uns handlungsunfähig und birgt ein großes Potential für Konflikte.

Sich-Selbst-Erfüllende-Prophezeiungen tun ihr übriges. Laut Watzlawick /6.7/ laufen diese Prophezeiungen sowohl bewusst als auch unbewusst ab. Ist unser Verhalten durch eine bestimmte Einstellung geprägt, reagieren die Menschen entsprechend darauf. So diktiert die sich selbst erfüllende Prophezeiung sozusagen den anderen das Verhalten.

Ein erfolgreiches Gespräch kann nur geführt werden, wenn beide Parteien den Willen zur Kooperation, zur Verständigung miteinander haben. Das Ganze wird umso einfacher, je ähnlicher sich die Ziele sind. Haben die Parteien divergierende Ziele und Interessen gestaltet sich das Gespräch problematisch. Dann ist es sinnvoll, zuerst eine Zieldefinition durchzuführen (Kap.9.2.1 Zielbefragung), um zu klären, inwieweit die jeweils angesteuerten Ziele harmonieren. Danach können die mit dem Ziel verbundenen Interessen erläutert und geklärt werden.

Projektspezifische Ursachen

Neben den vielfältigen Möglichkeiten im zwischenmenschlichen Bereich gibt es eine Menge von Konfliktursachen im Team während der Teamentwicklung. Dieser Prozess wird als Ablauf beschrieben, der sich in verschiedenen Phasen vollzieht /6.4/. Während dieses Prozesses läuft die Teamentwicklungsuhr (Bild 6.9), die in ihren einzelnen Phasen Prozesse im Team begleitet.

I. Orientierungsphase oder Forming

In der Orientierungsphase oder im Forming der Teamentwicklung erfolgt das erste Kennenlernen. Zu diesem Zeitpunkt sind die Rollen und die unterschiedlichen Verhaltensmuster, die von einer Stelle bzw. Position erwartet werden noch nicht festgelegt. Es herrscht diesbezüglich noch Unsicherheit, das Verhalten zueinander ist höflich. Im Verlauf findet jedes Teammitglied seine Position und lernt seine Kollegen besser kennen. Wenn jeder weiß, wie er die anderen einschätzen muss und seinen Platz gefunden hat, ist diese Phase abgeschlossen.

II. Konflikt- oder Abgrenzungsphase oder Storming

Während der Konflikt-oder Abgrenzungsphase oder im Storming stellen die Teammitglieder mitunter fest, dass die zuerst getroffenen Vereinbarungen geändert werden müssen, weil sie so nicht durchführbar sind. Möglich ist auch, dass einzelne Mitglieder versuchen, sich einen zu großen Einfluss oder eine unangemessene Position zu erobern. Daraus entwickeln sich ganz automatisch Konflikte. In dieser Phase ist der Projektleiter ebenfalls Teilnehmer dieses Prozesses.

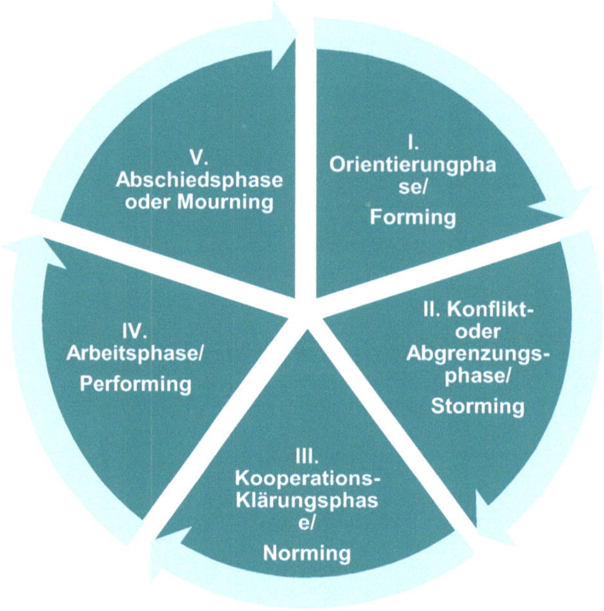

Bild 6.9 Die Teamentwicklungsuhr nach Tuckman /6.9/

III. Kooperations- oder Klärungsphase oder Norming

In der Kooperations- oder Klärungsphase oder im Norming treffen die Teammitglieder konstruktive Verabredungen und Verhaltensweisen.

IV. Arbeitsphase oder Performing

In der Arbeits- oder Performingphase arbeitet das Team harmonisch miteinander.

V Abschiedsphase oder Mourning

In der Abschieds- oder Mourningphase löst sich das Team auf.

Die Kenntnis dieses Verlaufs ist wichtig, damit insbesondere die Storming- oder Konfliktphase nicht behindert oder abgebrochen wird. Werden hier Konflikte verdrängt, können diese weiterschwelen und die Teamarbeit unter Umständen immer wieder stören. Folglich obliegt es dem Projektleiter, diese Prozesse so zu steuern, dass die Phasen so optimal wie möglich durchlaufen werden, so kurz wie möglich, aber so lange wie nötig, so dass die produktive Phase schnellstmöglich erreicht werden kann.

Die Konflikte im Storming haben zahlreiche Gründe. Sie können zwischen leistungsstarken und leistungsschwachen Teammitgliedern entstehen, da der Leistungsunterschied zuweilen als Legitimation angesehen wird, Vorteile gegenüber anderen zu genießen.

Ferner können Autoritätskonflikte und Machtkonflikte, insbesondere zwischen dem Projektleiter und einzelnen Teammitgliedern, entstehen. Auch Rangfragen bieten Konfliktpotential, das heißt, dass Personen, die einem Team bereits lange angehören, einen besonderen Rang genießen und somit neue Mitglieder erst eine Art Probe bestehen müssen, um als gleichberechtigtes bzw. vollwertiges Mitglied angesehen zu werden.

Heute werden Mitarbeiter häufig vom Arbeitsalltag isoliert, zum Beispiel in Kongresshotels, und extern von Coaches in Teamfindungsseminaren durch entsprechende Übungen zu einem Team zusammengeführt. Dadurch erhofft man sich ein kürzeres Storming.

Auch eine zu geringe oder zu schlechte Führung des Teams durch den Projektleiter führt zu Konflikten. Füllt die Führungskraft ihre Rolle nicht genügend aus, entsteht ein Führungsvakuum /6.10/. Eine Person aus dem Team wird ohne Legitimation die Ersatzführung übernehmen.

Schlechte Führung mit intransparenter Informationspolitik, Sonderrechten, Inkonsequenz oder Konfliktvermeidung verursacht ebenfalls Spannungen im Team. Unterschiedliche Informationsstände bzw. Informationsdefizite stellen in Projekten ebenso eine häufige Ursache für Ärger dar. Kommen Informationen zu spät, unvollständig, verzerrt, falsch oder gar nicht an, schadet das dem Projekt sehr und führt zu Auseinandersetzungen zwischen den Beteiligten.

Über- und Unterforderung können ebenfalls eine Quelle für Spannungen sein. Die Konsequenzen der Überforderung treten schnell zu Tage, während die Unterforderung zu Frustration und Langeweile führt und folglich zur Beschäftigung mit anderen Themen oder gar zu destruktivem Verhalten.

Neid und Rivalität bieten gleichfalls Konfliktpotenzial, da unter diesen Umständen persönliche Interessen und nicht die Projektziele im Vordergrund stehen.

Die Unterstützung des Phasenablaufs obliegt dem Projektleiter, so dass das Team möglichst schnell zueinander findet sowie zügig zur produktiven Phase gelangt.

Heute werden Mitarbeiter häufig vom Arbeitsalltag isoliert, zum Beispiel in Kongresshotels, und extern von Coaches in Teamfindungsseminaren durch entsprechende Übungen zu einem Team zusammengeführt. Dadurch erhofft man sich ein kürzeres Storming.

Den vorausgehend beschriebenen Phasenablauf findet man so oder ähnlich bei allen Projekten, er vollzieht sich automatisch. Aber er vollzieht sich niemals gleich. Jedes Team besteht aus Individuen, deshalb erfolgt auch der Ablauf für jedes Team individuell. Keine Phase kann verhindert oder verkürzt, lediglich unterstützt oder behindert werden. Manche vertreten sogar die Meinung, dass, sollte eine Phase übersprungen werden, diese zu einem späteren Zeitpunkt nachgeholt werden müsse. Ähnliches passiert bei einer so genannten Teamerschütterung, das heißt eine Veränderung der Teamstruktur, zum Beispiel bei Aus-oder Neueintritt eines Teammitglieds. Im Anschluss daran beginnt der Phasenablauf von vorn.

6.6.2 Konfliktlösungsmethoden

Um Konflikte beizulegen, gibt es immer mehrere Methoden. Allen Methoden liegen Beziehungsgrundmuster zugrunde, die abhängig davon sind, wie die Personen zueinander stehen. Die verschiedenen Lösungsmöglichkeiten werden in Bild 6.10 dargestellt. Konflikte können auf "meine Art", auf "deine Art" oder auf "unsere Art" gelöst werden. Daraus ergeben sich verschiedene Strategien.

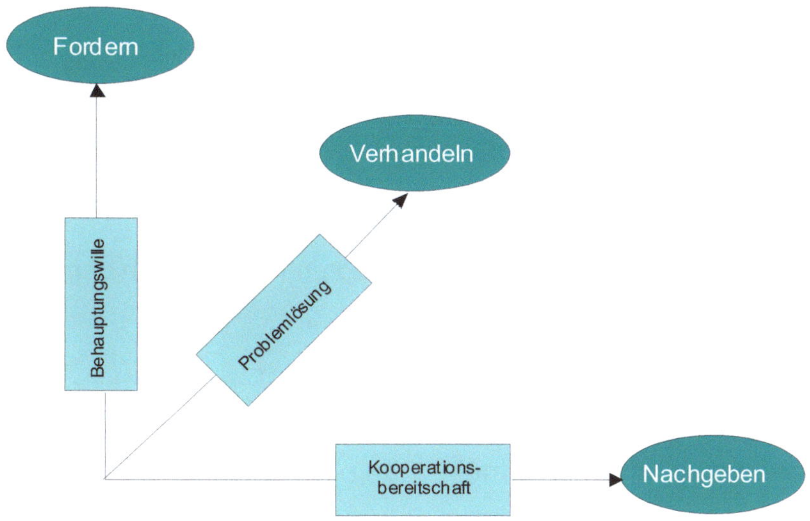

Bild 6.10: Die verschiedenen Strategien zur Konfliktlösung

Nahezu jede Strategie, um einen Konflikt beizulegen, basiert auf einem Zusammenspiel von Behauptungswillen und Kooperationsbereitschaft. Dieses Zusammenspiel wird häufig von Emotionen beeinträchtigt, wodurch es manchmal schwer ist, immer einen befriedigenden Ausgang für alle Parteien zu finden. Wenn man bemerkt, dass eine Diskussion sehr stark durch persönliche Emotionen der einen oder anderen Person bestimmt wird, sollte die Diskussion um eine Weile verschoben werden, um sie später wieder aufzunehmen.

In der Zwischenzeit kann man Einzelgespräche mit den jeweiligen Parteien führen, um die Hintergründe besser zu verstehen. Auch hier können die Werkzeuge aus Kapitel 9 hilfreich sein.

Behauptungswille und Kooperationsbereitschaft

Die meisten Menschen tendieren zu verhärteten Positionen, wenn ihnen eine Angelegenheit sehr wichtig ist und wenn sie sich ihrer Behauptung sicher sind. Sie werden nachgiebig, wenn sie sich als weniger einflussreich als das Gegenüber fühlen.

Die meisten Menschen sind kooperativ, wenn sie die Gegenpartei respektieren, wenn die Beziehung zur Gegenpartei wichtig ist und wenn sie auf die Gegenpartei angewiesen sind, um eine Entscheidung durchzusetzen.

Die Wechselwirkung dieser beiden Faktoren findet sich in den Konfliktlösungsstrategien wieder.

Fordern und Nachgeben

Forderungen sind im Allgemeinen anmaßend und wenig kooperativ. Sie zeigen die Siegeszuversicht und die Wichtigkeit des Themas für die fordernde Partei an. Sie können aber auch durch das Desinteresse an der Beziehung und dem Fehlen einer Abhängigkeit von der Gegenpartei gekennzeichnet sein.

Einfaches Nachgeben ist eine sehr kooperative Taktik, die aber im Allgemeinen wenig Behauptungswillen zeigt. Entweder ist dem Gegenüber das Thema nicht wichtig oder das Wissen darüber ist zu gering, um eine Auseinandersetzung zu bestehen. Aber es wäre auch möglich, dass man dem anderen einfach seinen Willen lässt, um eine gute Beziehung zu ihm herzustellen oder zu erhalten.

Die problemorientierte Lösungsstrategie zeigt sowohl einen hohen Behauptungswillen als auch eine große Kooperationsbereitschaft. Sie signalisiert, dass es um ein wichtiges Thema geht, aber auch eine gute fortlaufende Beziehung mit der anderen Seite erwünscht ist.

Das Verhandeln

Verhandeln ist mit beiden Faktoren besetzt, dem Behauptungswillen und der Kooperationsbereitschaft. Verhandeln beginnt, wenn ein wichtiges Thema von gleichrangigen Partnern angesprochen wird. Jede Seite muss bereit sein, ein Stück nachzugeben, um eine konstruktive Lösung zu erreichen. Verhandeln ist auch ein guter Ersatz, wenn eine gemeinsame Problemlösung ohne eindeutiges Ergebnis geblieben ist.

Jede dieser Strategien hat ihren geeigneten Anwendungsbereich. Häufig beschränkt man sich auf eine "anerzogene" Strategie zur Konfliktlösung und wendet sie in jeder Situation an. Der trainierte Konfliktpartner erkennt aber, in welcher Situation welche Strategie angebracht ist, und hat somit durch die Wahlmöglichkeit eine größere Erfolgschance.

Diese Verhaltensmuster sind in den verschiedenen Konfliktlösungsmethoden wiederzufinden. Ob es sich nun um die Einbeziehung einer weiteren Person handelt, die wie in der Mediation wie ein Vermittler fungiert oder ob beide Parteien versuchen, nach der Harvard-Methode einen Kompromiss zu erzielen. Es geht immer darum, dass eine Problemlösung gefunden wird kann, mit der beide Parteien leben können.

Um zum gewünschten Erfolg zu kommen, ist aber immer die kooperative Beziehung zwischen den Parteien wichtig.

Diese Verhandlungsstrategie führt aber nur dann zum Erfolg, wenn beide Parteien tatsächlich kooperationsbereit sind. Wenn es sich um verhärtete Positionen oder Nein-Sager einer oder beider Parteien handelt, wird man durch Verhandeln kaum oder nur mühevoll einen Erfolg erzielen.

6.7 Testen Sie Ihre Fortschritte

Nun können Sie in Tabelle 6.7 Ihr Wissen überprüfen.

Tabelle 6.10: Test zum 6. Kapitel: Welche Aussagen sind richtig oder falsch?

Nr.	**Frage**	**richtig**	**falsch**
1	Verhandlungen über Materialien und Dienstleistungen zu führen, ist nicht die Aufgabe des Projektleiters.	☐	☐
2	Kontrolle ist die Schlüsseltätigkeit während der Durchführungsphase.	☐	☐

Fortsetzung Tabelle 6.10

3	In der Planungsphase entwickelte Spezifikationen, Zeitpläne und Budgets werden in der Durchführung zu Maßstäben, an denen der Projektfortschritt gemessen wird.	☐	☐
4	Kontrollpunkt-Erkennung spart normalerweise keine Zeit.	☐	☐
5	Ein Projektkontrollchart fasst Informationen über die Qualitätsdimension eines Projektes zusammen.	☐	☐
6	Ein Milestone-Chart ist für die Projektplanung nicht ausführlich genug.	☐	☐
7	Budgetinformation lässt sich für Kontrollzwecke nicht als Liniendiagramm darstellen.	☐	☐
8	Tests bieten wichtige Informationen über die Qualitätsdimension eines Projektes.	☐	☐
9	Persönliche Inspektionen sind die wirkungsloseste Art, den Projektfortschritt zu überwachen.	☐	☐
9	Persönliche Inspektionen sind die wirkungsloseste Art, den Projektfortschritt zu überwachen.	☐	☐
10	Rechnungsprüfungen werden nur am Projektende vorgenommen, um das Budget nachzuprüfen.	☐	☐
11	Bei einer Fortschrittsbesprechung ist gutes Zuhören erforderlich.	☐	☐

Fortsetzung Tabelle 6.10

12	Jede, den Spezifikationen nicht entsprechende Arbeit muss wiederholt werden.	☐	☐
13	Verlorene Zeit kann oft bei späteren Schritten wettgemacht werden.	☐	☐
14	Der Einsatz von mehr Ressourcen kann dem Kunden auf lange Sicht Geld sparen.	☐	☐
15	Es ist nie annehmbar, die Bedingungen eines Projektes nach dem Start neu zu verhandeln oder zu revidieren.	☐	☐
16	Wirksames Feedback konzentriert sich auf Handlungen, Ergebnisse und die Reaktionen auf ein Ereignis.	☐	☐
17	Es ist nicht wichtig, bei der Vermittlung von Feedback deutlich zu kommunizieren, da der Gesprächspartner bereits weiß, worum es geht.	☐	☐
18	Erfolgreiche Verhandlungen erfordern einen Machtvorteil der anderen Partei gegenüber.	☐	☐
19	Bei Verhandlungen hat derjenige eine gute Position, der attraktive Alternativen anbietet.	☐	☐
20	Nachgeben ist niemals eine gute Strategie zur Konfliktbeilegung.	☐	☐

1	2	3	4	5	6	7	8	9	10	11	12
f	r	r	f	f	r	f	r	f	f	r	f

13	14	15	16	17	18	19	20
r	r	f	r	f	f	r	f

7 Projektabschluss

Das Wertvollste, das Sie machen können, sind Fehler – man lernt nichts, wenn man perfekt ist.

Adam Osborne

7.1 Das Projekt zu einem erfolgreichen Ende bringen

Das Ziel des Projektmanagements ist, dass das Ergebnis des Projektes vom Auftraggeber akzeptiert wird und dass das Unternehmen mit der Durchführung des Projektes Gewinne macht.

Der erste Punkt bedeutet, dass der Auftraggeber das fertiggestellte Projekt akzeptiert, das den Qualitätsspezifikationen entspricht. Um den reibungslosen Ablauf dieser Bewertung zu garantieren, wurden vom Auftraggeber und Projektleiter von Beginn des Projektes klare Leistungskriterien definiert. Diese können zwar im Laufe des Projektes angepasst und verändert werden, aber alle Veränderungen müssen mit deren Auswirkungen auf den Zeitplan und das Budget im Vertrag festgehalten, bzw. mit dem Auftraggeber abgestimmt werden.

Es sollte bei allen Leistungskriterien darauf geachtet werden, dass sie messbar und konkret, also objektiv nachvollziehbar sind. Das ist natürlich nicht immer exakt möglich, sollte aber immer angestrebt werden, um spätere Probleme bei der Leistungsabnahme zu vermeiden. Ein wichtiges Kriterium ist auch, welchen Zweck das Projekt erfüllen wird.

Das Projekt muss nicht mit der Lieferung an den Auftraggeber vollkommen abgeschlossen sein. Die Technische Dokumentation, zum Beispiel Betriebsanleitungen, Pläne und der Abschlussbericht, folgt im Allgemeinen nach der Auslieferung bzw. Fertigstellung. Ebenso erfolgen Schulungen des Bedienpersonals üblicherweise nach der Auslieferung, bzw. Fertigstellung. Auch Leistungstests erfolgen nach dem Ende, zum Beispiel ein Dauertest oder eine Probezeit, in der eine besondere Gewährleistung festgelegt wird.

Nach Beendigung eines Projektes müssen die Projektmitarbeiter in neue Projekte bzw. Aufgaben integriert werden. Überschüssiges Material und Gerät müssen entsorgt werden und in Anspruch genommene Einrichtungen werden ihrem ursprünglichen Einsatz zurückgegeben. Die Einsatzstelle für die Montage oder Baustelle müssen aufgelöst werden.

Ein wichtiger, letzter Schritt nach der Beendigung eines Projektes ist eine Bewertung des Projektes. Durch diese Rückschau auf das Gesamtprojekt werden die gewonnenen Erfahrungen und Erkenntnisse noch einmal betrachtet, um sie bei zukünftigen Projekten anzuwenden. Die Rückschau findet im Allgemeinen im Rahmen einer Gruppendiskussion mit den wichtigsten Projektmitarbeitern statt.

7.2 Checklisten zum Projektabschluss

Häufig ist der Projektleiter schon mit einem anderen, neuen Projekt beschäftigt und muss das alte noch zum Abschluss bringen. Eine Checkliste zum Projektabschluss, in der die verschiedenen Aktivitäten zum Ende eines Projektes vom Projektleiter kontrolliert und abgehakt, bzw. noch zur weiteren Ausführung delegiert werden können, zeigt Tabelle 7.1. Sie kann ihm die Arbeit erleichtern.

7.3 Fragen zur Bewertung von Projekten

Folgende Fragen können helfen, aus den gemachten Erfahrungen am abgeschlossenen Projekt Nutzen für zukünftige Projekte zu ziehen. Je sorgfältiger dies geschieht, desto besser ist es für die zukünftigen Projektteams.

Tabelle 7.1: Liste zum Projektabschluss

1	Projektergebnis auf Funktionstüchtigkeit überprüfen.	☐
2	Bedienungsanleitung schreiben.	☐
3	Pläne anfertigen.	☐
4	Projektergebnisse an Auftraggeber ausliefern.	☐
5	Personal des Auftraggebers im Gebrauch des Produktes, bzw. der Einrichtung schulen.	☐
6	Projektmitarbeiter versetzen.	☐
7	Überschüssiges Gerät und Material entsorgen.	☐
8	Nicht mehr benötigte Einrichtungen und Räumlichkeiten zurückgeben.	☐
9	Die aufgetretenen Probleme und die eingesetzten Lösungen zusammenfassen.	☐
10	Technische Fortschritte festhalten.	☐
11	Empfehlungen für die zukünftige Entwicklung zusammenfassen.	☐
12	Das durch die Zusammenarbeit Gelernte zusammenfassen.	☐

Fortsetzung Tabelle 7.1

13	Leistungsberichte über die Mitglieder des Projektteams schreiben.	☐
14	Allen Mitarbeitern ein Feedback über ihre Leistung geben.	☐
15	Schlussprüfung durchführen.	☐
16	Schlussbericht schreiben.	☐
17	Projektrückblick mit den Kernmitarbeitern führen.	☐
18	Das Projekt für abgeschlossen erklären.	☐

Deshalb ist es sicher nützlich, diese Fragen in schriftlicher Form zu beantworten und an die Geschäftsleitung weiterzugeben. Da der Projektleiter aber wiederum auch "Fehler eingestehen" muss, funktioniert dieser offene Vorgang nur, wenn ein Vertrauensverhältnis zwischen den einzelnen Parteien herrscht.

- Erreichte das Projekt den geplanten Zeitplan?
- Ergeben sich daraus für die zukünftige Zeiteinteilung Änderungen? Welche?
- Konnte der geplante Kostenrahmen eingehalten werden?
- Ergeben sich daraus für die zukünftige Budgeteinteilung Änderungen? Welche?

Tabelle 7.2: Test zum 7. Kapitel: Welche Aussagen sind richtig oder falsch?

Nr.	Frage	richtig	falsch
1	Die Arbeit des Projektleiters endet mit der Übergabe des Projektresultats an den Auftraggeber.	☐	☐
2	Der Auftraggeber muss vor Anlauf des Projektes den Leistungskriterien zustimmen.	☐	☐
3	Objektive, messbare Leistungskriterien sind leicht zu entwickeln.	☐	☐
4	Die Betriebsanleitungen zu schreiben und das Personal des Auftraggebers in der Bedienung des Projektresultats zu schulen, sind Teil der Abschlussphase.	☐	☐
5	Normalerweise muss man sich am Ende eines Projektes keine Sorgen um überschüssiges Gerät oder Material machen.	☐	☐
6	Die Zuteilung neuer Aufgaben an die Projektmitarbeiter ist einer der letzten Schritte beim Abschluss eines Projektes.	☐	☐
7	Die Verantwortung des Projektleiters endet mit dem Abschluss einer letzten Prüfung und dem Schreiben eines Schlussberichts.	☐	☐

Fortsetzung Tabelle 7.2

8	Es nützt nach Abschluss des Projektes nur wenig, Zeit damit zu vergeuden, die gemachten Erfahrungen zu bewerten.	☐	☐
9	Bei der Projektdurchführung ergeben sich oft technische Fortschritte, die es wert sind, anderen Abteilungen, bzw. der Unternehmensleitung mitgeteilt zu werden.	☐	☐
10	Werden die gewonnenen Projekterfahrungen nicht festgehalten, gehen sie meist verloren und können anderen Projektleitern nicht übermittelt werden.	☐	☐

1	**2**	**3**	**4**	**5**	**6**	**7**	**8**	**9**	**10**
f	r	f	f	f	r	r	f	r	r

Aufgaben

- Ist die Arbeit des Projektleiters mit der Übergabe des Projektresultats an den Auftraggeber beendet?
- Welche Arbeiten sind Teil der Abschlussphase?
- Nennen Sie drei Instrumente der Projektüberwachung.
- Zeigen Sie fünf Fragestellungen auf, die im Rahmen der Projektbewertung diskutiert werden sollten.

8 Projektmanagement-Programme

Stolperfalle 14

Wenn ungeeignete Systeme und Abläufe für die Projektplanung und Steuerung vorhanden sind!

Die Werkzeuge müssen der Projektgröße angepasst werden (Papier versus Projektmanagementsoftware versus Scrum-Board) und geeignet sein.

Durch die geeignete Projektmanagement-Software, zum Beispiel MS Project® stellvertretend für viele andere, wird eine umfassende Projektsteuerung und ein effizienter Informationsaustausch erreicht. Der Projektleiter geht von der individuellen Planung weg hin zur unternehmensweiten Planung.

Aufgrund der weiten Verbreitung der Microsoft Windows Plattform, zum Beispiel Windows 7®, benutzen viele Unternehmen die Projektmanagement-Software "Microsoft Project®" zur Projektsteuerung, da durch die Kommunikationsmöglichkeiten zwischen den verschiedenen Anwenderprogrammen viele Anforderungen der Anwender erfüllt werden.

Im Folgenden wird das Programm Microsoft Project 98® (MS Project®), bzw. die neueste Version, etwas genauer vorgestellt. Die Verfasserin weist aber ausdrücklich darauf hin, dass es nicht das einzig verfügbare Programm zur Projektsteuerung auf dem Markt ist.

Durch die Netzwerkfähigkeit werden die Anforderungen nach verbesserter Kommunikation und Zusammenarbeit vieler Projekte erfüllt. Das bedeutet im Einzelnen, dass der Projektleiter

- eine gute Kontrolle über die Projektpläne hat,
- die effiziente Kommunikation im Projektteam aufrecht halten kann,
- ein leistungsfähiges Werkzeug zum Erstellen anwenderdefinierter Planungslösungen zur Hand hat.

Im Rahmen dieses Buches kann nur eine kurze Beschreibung der Software gegeben werden. In der einschlägigen Literatur, zum Beispiel Handbüchern zu den einzelnen Programmen und Artikel zu den neusten Versionen finden interessierte Anwender weitere Hinweise /8.1/.

8.1 Kontrolle über Projektpläne

Mit MS Project® kann der Projektleiter Termin-, bzw. Projektpläne erstellen und weitergeben.

MS Project® verfügt über ein Planungsmodul, das

- die Projekte in Einzelschritten genau plant und überwacht. Damit behält der Projektleiter den Überblick über alle Details im Projekt.
- durch Funktionen, zum Beispiel die Unterbrechung von Einzelschritten (Vorgängen) währen der Arbeit, die Änderung der Verfügbarkeit der Ressourcen oder die Änderung der Kostensätze während eines Projektes, die Projektrealität gut wiedergibt.

8.1.1 Projektterminierung und -überwachung

Vorgangsunterbrechung

Der Projektleiter kann Vorgänge unterbrechen. Er klickt zuerst auf die entsprechende Schaltfläche auf der Symbolleiste und unterteilt den Vorgang dann durch Ziehen des Mauszeigers in kleinere Segmente. Dann kann er einen Vorgang in beliebig viele Teilvorgänge unterteilen, wobei die Dauer der Unterbrechungen keinerlei Rolle spielt (Bild 8.1).

Bild 8.1: Vorgangsunterbrechung durch Ziehen des Mauszeigers über den Vorgangsbalken im Balkendiagramm

Leistungsgesteuerte Terminplanung

In einigen Fällen möchte der Projektleiter alle vorhandenen Ressourcen auf bestimmte Vorgänge konzentrieren, damit die Arbeit dort schnellstmöglich erledigt wird. Wenn beispielsweise ein Mitarbeiter für das Anstreichen einer Wand abgestellt wurde, könnte ein zweiter Anstreicher eingesetzt werden (Bild 8.2), damit die Wand in der Hälfte der ursprünglich angesetzten Zeit fertig wird.

Bei MS Project® wird die Dauer eines Vorgangs automatisch verlängert oder verkürzt, wenn einem Vorgang ein Mitarbeiter zusätzlich zuordnet oder abgezogen wird. Die Änderung wird übernommen. Der Gesamtarbeitsaufwand für den Vorgang ändert sich jedoch nicht.

Variable Ressourcensätze

Änderungen bei Löhnen und Gehältern können im Zeitverlauf durchgeführt werden, damit der Projektleiter die Kosten genau überwachen kann. Für jede Ressource gibt es eine Tabelle (Bild 8.3), die die Kostensätze mit den Zeitattributen enthält. Diese Kostensätze werden zur Berechnung der Projektkosten verwendet, wenn die Ressource Arbeiten für das Projekt ausführt.

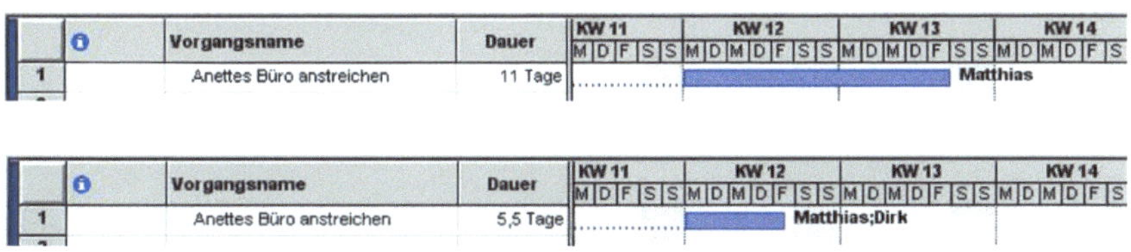

Bild 8.2: Die leistungsgesteuerte Terminplanung

Die Projektkosten werden zu dem Satz berechnet, der bei Ausführung der entsprechenden Arbeiten gilt. Der Projektleiter kann Änderungen der Vergütungssätze in diese Tabelle schreiben, indem er entweder direkt einen neuen Satz festlegt oder indem er einen höheren oder niedrigeren Prozentsatz eingibt. Das Programm berechnet den neuen Satz dann automatisch.

Außerdem können bis zu fünf verschiedene Kostensatztabellen verwendet werden, um einer Ressource verschiedene Kostensätze für unterschiedliche Tätigkeiten zuzuweisen. Beispielsweise kann für eine Ressource ein Stundensatz von 53 € für die eine Tätigkeit, gleichzeitig ein Stundensatz von 85 € für eine höherwertige Tätigkeit gelten. Der Projektleiter gibt den Kostensatz an, indem er die entsprechende Kostensatztabelle zuordnet.

Die Fälligkeit der Kosten kann zudem auf drei verschiedene Arten angegeben werden: anteilig, bei Beginn oder bei Ende der Zuordnung.

8.1.2 Management mehrerer Projekte

Für die Anzahl der Projekte ist keine Obergrenze festgelegt. Damit können viele Projekte nebeneinander gesteuert werden. Zusätzlich gibt es einige nützliche Werkzeuge für das Koordinieren von Ressourcen und Vorgängen zwischen den Projekten. Die Funktionen zur Verwaltung mehrerer Projekte in MS Project® werden im Folgenden durch einige Beispiele gezeigt.

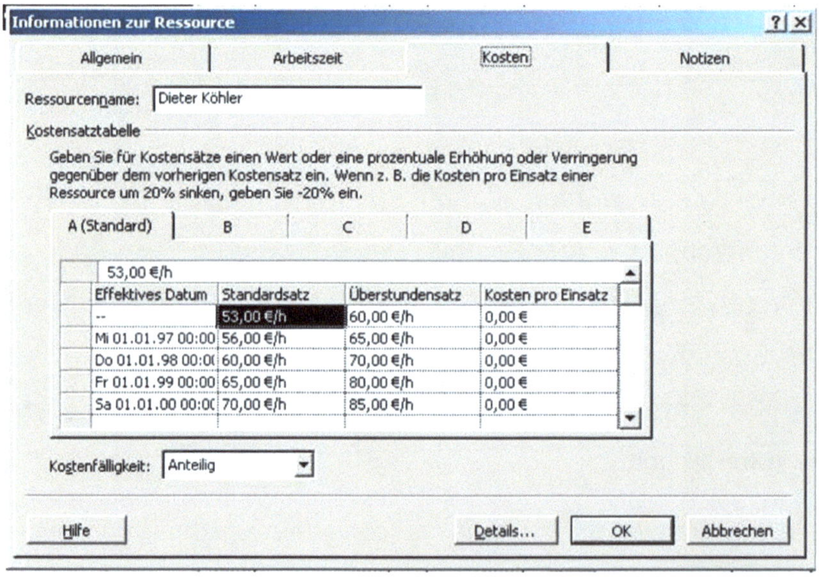

Bild 8.3: Eingabe der Kostensätze über die Registerkarte

Eingefügte Projekte

Durch eine Funktion kann der Projektleiter vollständige vorhandene Projekte auf jeder beliebigen Ebene in die Gliederung eines übergeordneten Projekts einfügen. Das eingefügte Projekt kann dann ausgeblendet bzw. eingeblendet werden, um alle Details des Projektes im Kontext des übergeordneten Projektplans zu betrachten.

Dabei wird entweder eine Kopie des Unterprojektes eingefügt, die den Stand zu einem bestimmten Zeitpunkt repräsentiert. Oder es wird eine Verknüpfung zwischen übergeordnetem und untergeordnetem Projekt eingerichtet. Damit werden Änderungen, die in einem der beiden Pläne vorgenommen werden, automatisch auch in dem anderen angezeigt (Bild 8.4). Das im Beispiel dargestellte Gesamtprojekt besteht aus drei separaten Projekten: dem Plan für den Online-Katalog, der Infrastruktur für den Online-Katalog und dem Plan für den gedruckten Herbstkatalog.

Die eingefügten Projekte dürfen sich auf jeder Gliederungsebene befinden und ihnen stehen genau dieselben Funktionen zur Verfügung wie den eigenständigen Einzelprojekten.

Um ein Projekt einzufügen, klickt man einfach auf die Zeile, in die das Projekt eingefügt werden soll, und dann im Menü **Einfügen** auf **Projekt**.

Ein weiteres Merkmal der eingefügten Projekte ist, dass projektübergreifende Verknüpfungen als normale Abhängigkeitslinien angezeigt werden. Die externen Vorgänge erscheinen nicht, wodurch redundante Vorgangsinformationen ausgeblendet werden.

Ressourcenpool

Für den Projektleiter ist die Aufgabe, mehrere Terminpläne zu verwalten, sehr komplex, weil die Ressourcen oft gemeinsam mit anderen Projekten genutzt werden.

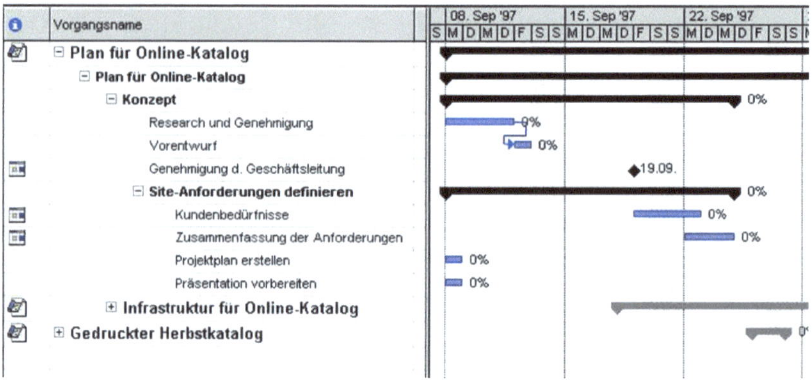

Bild 8.4: Gesamtprojekt aus drei separaten Projekten

Das Programm gestattet dem Projektleiter, eine schreibgeschützte Momentaufnahme des Ressourcenpools zu öffnen (Bild 8.5), damit er den Status der gemeinsam genutzten Ressourcen einsehen kann. Wenn er Änderungen übernehmen will, die andere Projektleiter vorgenommen haben, kann er die Option "Pool erneut laden" verwenden, um die neuesten Änderungen herunterzuladen. Wenn er selbst Aktualisierungen vornimmt, die sich auf die Ressourcen im Pool auswirken, kann er diese Änderungen den anderen Projektleitern mit der Funktion "Pool aktualisieren" mitteilen (Bild 8.6). Die Ressourcenpool-Funktion gibt dem Projektleiter die Kontrolle und die Flexibilität, die er in einer Umgebung mit mehreren gleichzeitig laufenden Projekten benötigt.

8.1.3 Analysewerkzeuge

AutoFilter

Mit der Funktion **AutoFilter** kann mit Hilfe von Dropdown-Listen am oberen Ende jeder Spalte eine Ansicht verwendet werden, um interaktiv bestimmte Vorgänge, Ressourcen oder Zuordnungen in Projekten herauszufiltern (Bild 8.7).

Anwenderdefinierte Filter

Der Projektleiter kann auch dynamische Filter mit natürlichem Sprachgebrauch verwenden und auch eine anwenderdefinierte Auswahl mit Hilfe der Dropdown-Liste vornehmen, um eigene Filter mit mehreren Bedingungen zu erstellen und diese auch für die zukünftige Anwendung zu sichern. So kann er sich mühelos auf spezielle Einträge im Projektplan konzentrieren.

Fälligkeitstermine der Festkosten

Der Projektleiter legt selbst fest, wann die Projektkosten fällig werden. Er kann wählen, ob die Festkosten zu Beginn, zum Ende oder anteilig im Verlauf des Vorgangs anfallen (Bild 8.8).

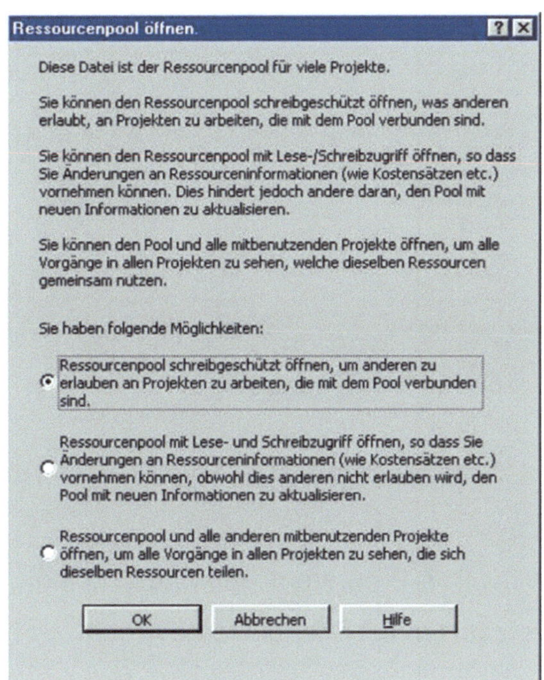

Bild 8.5: Möglichkeiten des Ressourcenpools

Vorgangsarten

Die Standardgleichung zur Berechnung der Vorgangsbearbeitung und Dauer lautet Arbeit = Dauer mal Einheiten. Der Projektleiterkann aber steuern, welche Elemente feststehen sollen und welche variabel sind, je nachdem, wie die Planung im Unternehmen

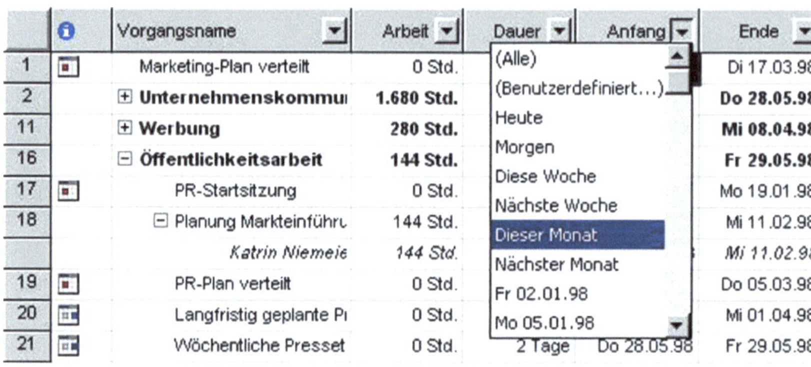

Bild 8.7: Benutzung der Funktion AutoFilter

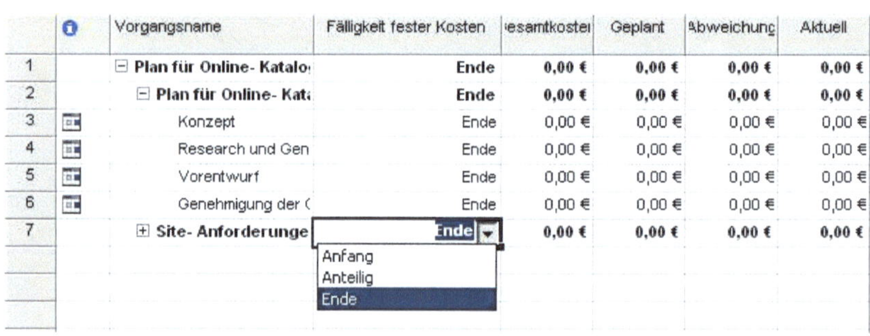

Bild 8.8: Festlegung der Fälligkeit der Festkosten

durchgeführt wird. Das Programm unterstützt 3 Vorgangstypen: die feste Dauer, die feste Einheit oder die feste Arbeit.

Terminplanung vom Endtermin aus

Die häufig notwendige Bearbeitung der Terminplanung vom Endtermin ist im Programm möglich.

Kapazitätsabgleich

Das Programm enthält eine Reihe von Merkmalen, durch die der Projektleiter steuern kann, wie der Algorithmus **Kapazitätsabgleich** funktioniert.

Der Projektleiter kann die Einstellung so verändern, dass die Überlastung beispielsweise in wöchentlichen Abständen geregelt wird.

Der Projektleiter kann den Kapazitätsabgleich für das gesamte Projekt oder nur für einen bestimmten Zeitraum durchführen. Beim Kapazitätsabgleich können einzelne Zuordnungen so verschoben werden, dass nur die Ressourcen verschoben werden, die von der Überlastung betroffen sind. Wenn jedoch alle Ressourcen gleichzeitig arbeiten müssen, kann dies auch eingestellt werden.

Mit dieser Funktion kann der Kapazitätsabgleich um Vorgänge mit Überlastung herum geplant werden. Zum Beispiel kann ein einwöchiger Vorgang, der am Montag beginnt, für eine notwendige Besprechung am Mittwoch unterbrochen werden.

Einstellung "Wochenanfang am" und Option zum Geschäftsjahr

Alle Wochentage können als Wochenanfang definiert werden (Bild 8.9). Die Definition des Geschäftsjahresbeginns kann dort ebenfalls eingestellt werden.

"Harte" und "weiche" Einschränkungen

Der Projektleiter wählt die Art wie das Programm Vorgänge behandelt, die gegen Einschränkungen verstoßen. Dafür steht eine Option auf der Registerkarte **Terminplan** im Dialogfeld **Optionen** des Menüs **Extras** zur Verfügung. Die Option **Vorgänge beachten stets ihre Einschränkungstermine** kann deaktiviert werden, um weiche Einschränkungen festzulegen, bei denen Vorgänge auch jenseits der Einschränkungstermine geplant werden können.

Diese Einstellung wirkt sich auf die Einschränkungen MAA (Muss anfangen am), MEA (Muss enden am), ENSA (Ende nicht später als) und ANSA (Anfang nicht später als) aus, wenn die Terminplanung vom Starttermin ausgeht, aber auch auf die Einschränkungen MAA, MEA, ENFA (Ende nicht früher als) und ANFA (Anfang nicht früher als), wenn die Terminplanung vom Endtermin ausgeht.

Mehrere kritische Wege (kritischer Pfad)

Die Option **Mehrere kritische Wege berechnen** ist eine weitere Option in der Registerkarte **Berechnung** im Dialogfeld **Optionen** des Menüs **Extras.** Sie legt den letzten Endtermin eines Vorgangs auf den frühesten Endtermin, solange der Vorgang nicht durch Nachfolger oder Einschränkungen beschränkt wird. Dadurch können mehrere kritische Wege des Projektes berechnet werden. Das ist besonders wichtig, wenn der Projektleiter mehrere Projektpläne zu einer einzigen Projektdatei zusammenführt und die kritischen Pfade für jedes einzelne Projekt sehen will.

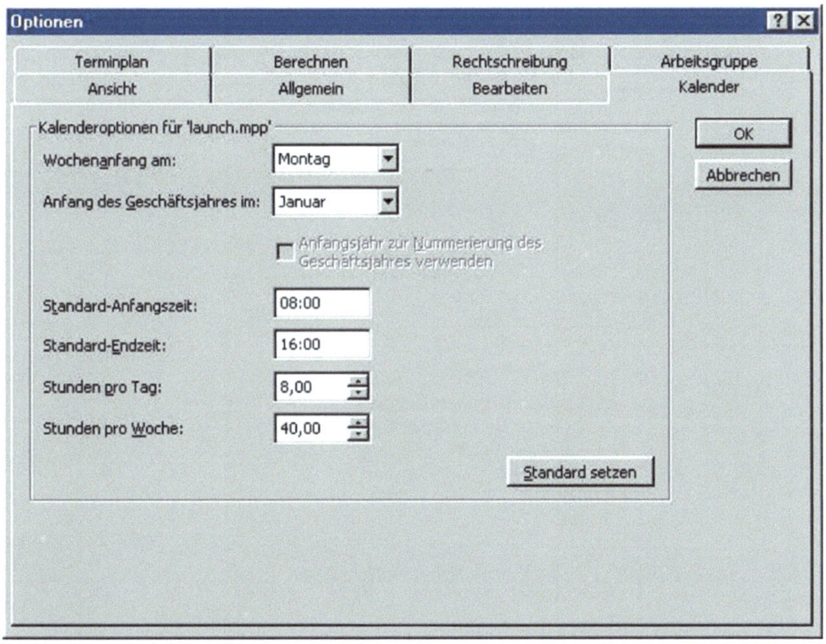

Bild 8.9: Festlegung des Wochenanfangs und des Geschäftsjahrs

Indikatoren

Indikatoren sind kleine grafische Informationen über Vorgänge, Ressourcen oder Zuordnungen (Bild 8.10). Durch Anklicken der Indikatorenspalte i können sie eingesehen werden.

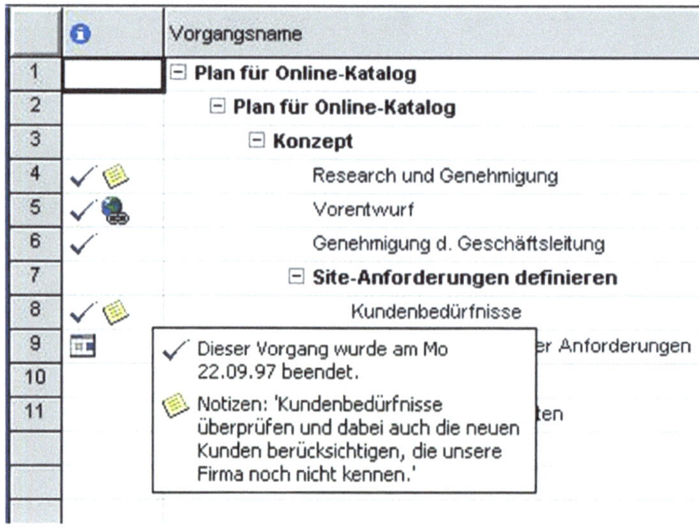

Bild 8.10: Schnellüberblick durch Indikatoren

Fortschrittslinie

Die Fortschrittslinie ist eine zusätzliche Funktion des Balkendiagramms (GANTT-Chart), die eine visuelle Darstellung des Projektstatus ermöglicht.

Diese Linie verbindet zum gewählten Datum den jeweiligen Fortschritt der Vorgänge mit einer vertikalen Linie (Bild 8.11). Daraus ergeben sich nach links und rechts gerichtete Spitzen für die Einzelschritte. Die Arbeit, die hinter dem Terminplan zurückbleibt, zeigt nach links, die dem Terminplan voraus ist, nach rechts. So kann der Projektleiter auf einen Blick den Gesamtstatus des Projektes sowie den Umfang der Abweichungen vom Plan erkennen.

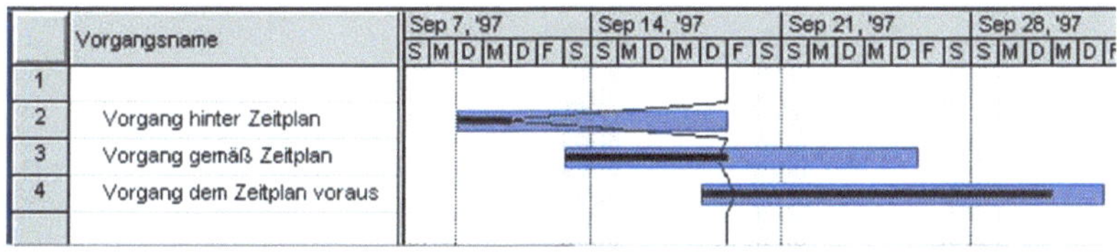

Bild 8.11: Die Fortschrittslinie

8.2 Kommunikation im Projektteam

Der Projektleiter muss in der Lage sein, effizient mit sehr unterschiedlichen Personen zusammenzuarbeiten. Dazu muss er die Mitglieder des Projektteams und Führungskräfte auf allen Ebenen jederzeit über den Projektstatus informieren können.

Eine erfolgreiche Zusammenarbeit hängt zum großen Teil davon ab, ob diese Informationen klar und effizient weitergegeben werden. Das Projektteam kann Informationen über Emails, das Internet und das Intranet weiterleiten und so mit anderen zusammenarbeiten.

8.2.1 Präsentationsfunktionen

Berichte

Die meisten Projektpläne werden als Berichte veröffentlicht oder als Projektdateien auf einem Server zur Weitergabe an andere Projektleiter abgelegt.

MS Project® hat eine Bibliothek vordefinierter Berichte, die der Projektleiter sofort ausdrucken kann. Darunter gibt es auch Berichte, mit denen projektübergreifende Abhängigkeiten nachvollzogen werden können. Auch hier kann der Projektleiter mit Hilfe der Kombination aus Ansichten, Tabellen und Filtern seine eigenen Berichte erstellen.

Mit Hilfe des Balkenplan-Assistenten kann der Projektleiter schnell professionell gestaltete Berichte erstellen.

Die Gestaltung der Kopf-und Fußzeilen, zum Beispiel mit Firmenlogos oder einem formatierten Text, kann einfach erstellt werden (Bild 8.12).

Ausrichtung von Überschrifts- und Datenfeldern

Der Projektleiter kann die Ausrichtung der Spaltenüberschriften und der Daten unabhängig voneinander wählen.

Formatierte Notizen

Die Texte und Informationen in den Notizfeldern können formatiert werden, um möglicherweise wichtige Punkte hervorzuheben. Um weitere Informationen bereitzustellen, lassen sich andere Objekte einbinden, zum Beispiel Microsoft Word-Dokumente (Bild 8.13).

Zeitskala

Es können auch zwei spezielle Zeitskalen für die Projektinformationen in einem Projekt anzeigt werden, zum Beispiel halbjährlich und in Monatsdritteln (Bild 8.14).

8.2.2 Zusammenarbeit im Team und Überwachung

Der Projektleiter kann Projektvorgänge mit Email delegieren und überwachen. Eine Arbeitsgruppenfunktion ermöglicht den Zugang zum Desktop Information Manager Microsoft Outlook™ und das Internet.

Projektleiter können Erinnerungen für bestimmte Projektvorgänge definieren und in Outlook abgelegen. Beispielsweise kann sich der Projektleiter eine Erinnerung definieren, die "x" Tage vor dem Ende einer wichtigen Projektphase des Projektplans angezeigt wird.

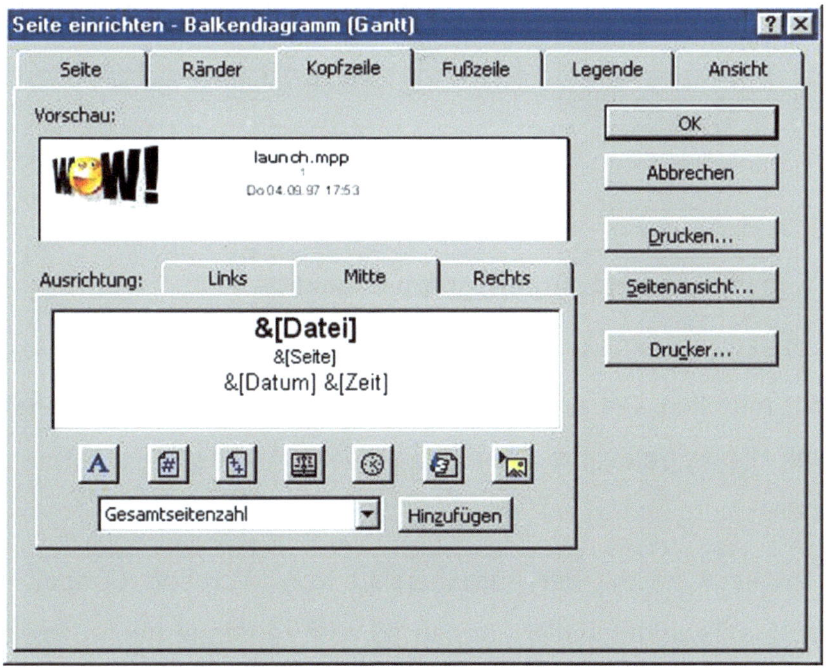

Bild 8.12: Frei gestaltbare Kopf-und Fußzeilen

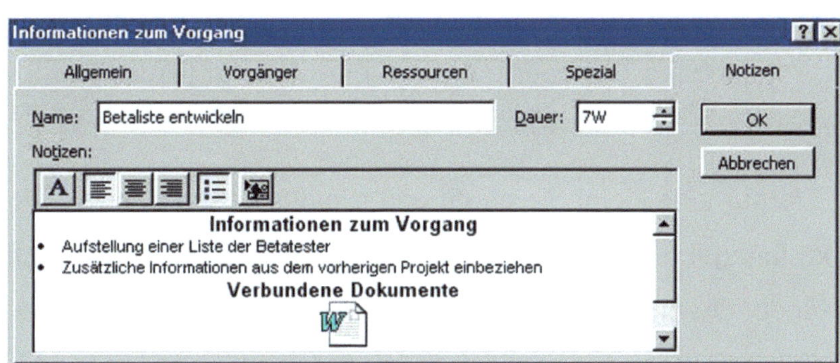

Bild 8.13: Projektnotizen und Einbindung anderer Objekte

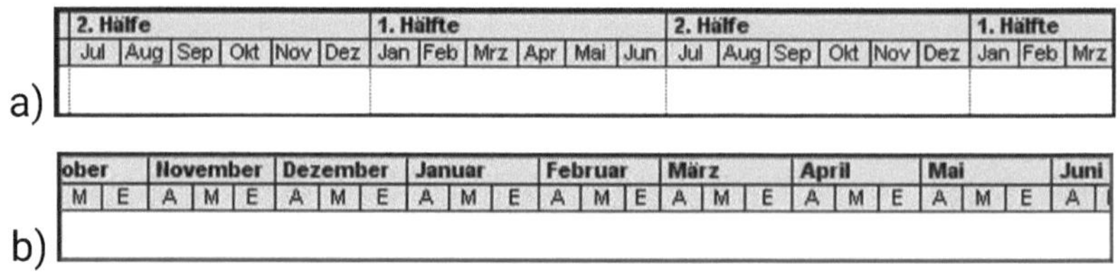

Bild 8.14: Zeitskala; a) in Monaten; b) A, M, E (Anfang, Mitte, Ende des Monats)

Auf E-Mail basierende Arbeitsgruppenfunktion

Die Teammitglieder können in periodischen Abständen ihren Fortschritt mitteilen. Die anpassungsfähigen Email-Nachrichten besitzen Felder, die zeitrelevante Plan-und aktuelle Arbeitsdaten aufnehmen können.

MS Project® ist mit der Aufgabenliste von Microsoft Outlook integriert. Die Teammitglieder können so alle Vorgänge nach Projektnamen sortiert zentral verwalten.

Die Teammitglieder können den Teamstatusbericht aus dem Microsoft Outlook-Menü Aufgaben auswählen und diesen Statusbericht in ihrem Posteingang speichern, bis sie ihn dem Projektleiter vorlegen wollen.

Hier wird nur eine kleine Auswahl von Möglichkeiten gezeigt, die das Projektmanagement-Programm MS Project® hat. In den einschlägigen Handbüchern findet man weitere detaillierte Beschreibungen der Möglichkeiten.

8.3 Klassisches versus agiles Projekt-management

Stolperfalle 15

Wenn der ScrumMaster zum Projektleiter wird!

Der ScrumMaster ist eine Rolle, die von mehreren Teammitgliedern abwechselnd eingenommen werden sollte. Dazu müssen die Teammitglieder qualifiziert werden.

Stolperfalle 16

Wenn einzelne Teammitglieder keine Selbstverantwortung für ihre Aufgaben übernehmen wollen!

Die Teams müssen sich selbst führen können. Das verlangt Selbstverantwortung von den einzelnen Teammitgliedern.

Hierzu müssen die Teammitgliede motiviert werden, zum Beispiel mit der Instant Influence Methode.

Stolperfalle 17

Wenn die Planung und Design nicht messbar sind!

In Scrum werden unterstützende Merkmale zu adequater Business- und der anschließenden Anforderungsanalyse eingeführt.

Aus Angst im Projekt wichtige Funktionen zu übersehen, wird ein umfassendes Pflichtenheft erarbeitet. Oft ist dies überladen mit unwichtigen Faktoren.

Das führt zum einen zu einer Verlängerung des Projektzeitraums, zum anderen auch zu unnötig hohen Kosten für den Auftraggeber.

Bei der Projektplanung ist es zudem oft schwierig vorauszusehen, welche der Funktionen oder der Schnittstellen tatsächlich zum Zeitpunkt des Projektabschlusses erforderlich sein werden.

Zur kontinuierlichen Aktualisierung des Vertrags wird das sogenannte Change-Management während des Realisierungsprozesses vereinbart. So stellt jede Flexibilisierung einen Fremdköper dar, der den idealtypisch linearen Projektverlauf stört, behindert und Ressourcen kostet. Für den Auftraggeber bedeutet dies zusätzliche ungeplante Kosten /8.1/.

Dagegen ist das agile Projektmanagement ein Verfahren. Das iterativ zur Lösung führt. Es gilt allgemein als kundengerecht, schnell und kostengünstig.

Zu Projektbeginn findet eine grobe Projektvision als Projektdefinition statt, die sich durch sich wiederholende Planungs- und Umsetzungsphasen zu einem detaillierten Projektziel entwickelt.

Entwickler und Auftraggeber arbeiten eng zusammen, besprechen alle Probleme und Lösungen miteinander und treffen die notwendigen Entscheidungen gemeinsam. Dabei ist beabsichtigt, dass sich der Vertragsgegenstand weiterentwickelt und verändert.

Diese Agilität verspricht so ein bedarfsgerechtes und zeitgemäßes Projektergebnis.

Eine absolute Agilität kann dabei aber nicht gewährleistet werden, da dafür zu viele Personalressourcen gebunden sein würden.

Auch die Kosten bleiben intransparent, weil nicht feststeht, was genau im Projekt entwickelt werden soll.

Im Vorhinein kann so nicht festgestellt werden, was die Entwicklung am Ende kostet.

Durch den „Agilen Festpreis" wird versucht, eine Kostentransparenz zu schaffen.

Es gibt zwei Methoden des agilen-Projektmanagements.

8.3.1 Scrum-Methode /8.2/

Scrum ist ein leichtgewichtiges Planungstool zur Entwicklung von Produkten, Projekten und Systemen, das seit mehr als 10 Jahren erfolgreich eingesetzt wird. Es unterstützt den Einsatz von agilen und „lean" Prinzipien mit dem Ziel, schnell und flexibel auf geänderte Anforderungen reagieren zu können und dabei hohe Qualität mit gesteigertem „Return On Investment" zu liefern. Es wird sinnvoll ergänzt durch agile Entwicklungspraktiken wie testgetriebene Entwicklung und kontinuierliche Integration.

Die Scrum-Methode unterteilt verschiedene Rollen innerhalb eines ScrumTeams, das sich aber von Sprint zu Sprint (siehe weiter unten) verändern kann. Es sind der Product-Owner, der ScrumMaster und das Team, das die eigentlichen Projektaufgaben durchführt.

ProductOwner

Der ProductOwner ist die Schnittstelle zwischen Entwicklungsteam und Auftraggeber. Er führt Rücksprachen mit den Kunden durch und definiert im ProductBacklog alle Anforderungen und Kundenwünsche an das Produkt.

ProductBacklog

Der ProductBacklog ist eine priorisierte Funktionsliste, mit kurzen Beschreibungen aller Funktionen, die vom Produkt gewünscht werden. Bei der ersten Anwendung ist es nicht notwendig, ein Projekt zu starten, von dem schon am Anfang alle Anforderungen dokumentiert werden.

Aus dem ProductBacklog werden im sogenannten SprintPlanning Teilaufgaben herausgezogen, als Aufgabenpaket definiert und im SprintBacklog abgelegt.

Aber Scrum gibt keine Struktur für die Backlogs vor und sagt nichts über den Aufbau der Einträge.

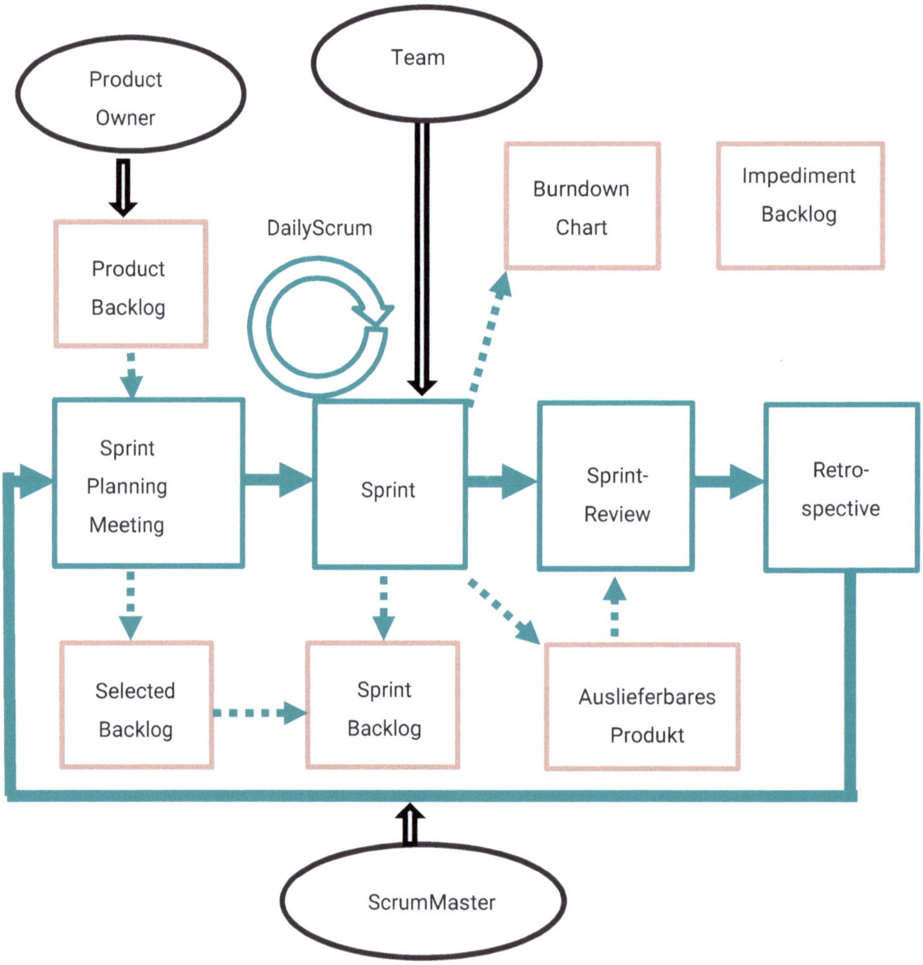

Bild 8.15: ScrumProcess

Sprint

Der SprintBacklog wird daraufhin im Scrum als Sprint definierter Bearbeitungsblock abgewickelt. Ein Sprint hat im idealen Fall immer dieselbe zeitliche Dauer und liegt im Rahmen von zwei bis vier Wochen.

Die Entwicklung des Produktes erfolgt in direkt aufeinander folgenden Sprints.

Während des Sprints finden **DailyScrum**s statt, kurze Meetings in denen die Teammitglieder von ihren Prozessfortschritten berichten.

Während eines Sprints ist das Team in der Lage die Aufgaben ohne jegliche Störung, wie zum Beispiel Kundenänderungen, zu bearbeiten.

Für kleine Teams sind 4 Wochen häufig zu lang für einen Sprint. Da sind kürzere Zyklen vorteilhaft.

ScrumMaster

Der ScrumMaster hat eine wesentliche Rolle bei der Durchführung von Scrum. Anders als ein Projektleiter übernimmt er nicht verantwortlich die Planung und Steuerung eines Projektes, sondern er unterstützt und motiviert als Coach und Moderator das Team beim selbstorganisierten Arbeiten. Er fördert den Geschäftserfolg, indem er die Zusammenarbeit zwischen Kunden und Entwicklung optimiert.

Der ScrumMaster unterstützt hier zusätzlich, indem er das Team von eben genannten Einflüssen von außen schützt.

Des Weiteren sorgt er für die Einhaltung des ScrumProcess und hilft bei Hindernissen (**ImpedimentBacklog**) bei der Bearbeitung, ohne die Probleme selbst zu lösen.

SprintReview

Am Ende eines jeden Sprints findet das SprintReview statt, hier präsentiert das Team dem ProductOwner, was es im Sprint erledigt hat. Hier werden auch die neue Anforderungen und Änderungen diskutiert und vom ProductOwner in das ProductBacklog eingestellt werden.

Durch die SprintRetrospective, in dem rückblickend über Gutes und Schlechtes während der Projektdurchführung gesprochen wird, wird ein ständiger Verbesserungsprozesses initiiert /8.3/, /8.4/, /8.5/.

BurndownChart

Ein BurndownChart ist eine grafische Darstellung für den verbleibenden Aufwand in einem Projekt. Der Backlog wird meist auf der senkrechten, die Zeit auf der waagerechten Achse dargestellt.

ScrumBoard

Ein ScrumBoard ist ein Board, das mit einem ScrumTool, zum Beispiel der Software Trello (https://trello.com/) erstellt wird. ScrumBoards sind für Teams, die ihre Arbeit in Sprints planen. Ein ScrumBoard ist sichtbar im Planungs- und Arbeitsmodus.

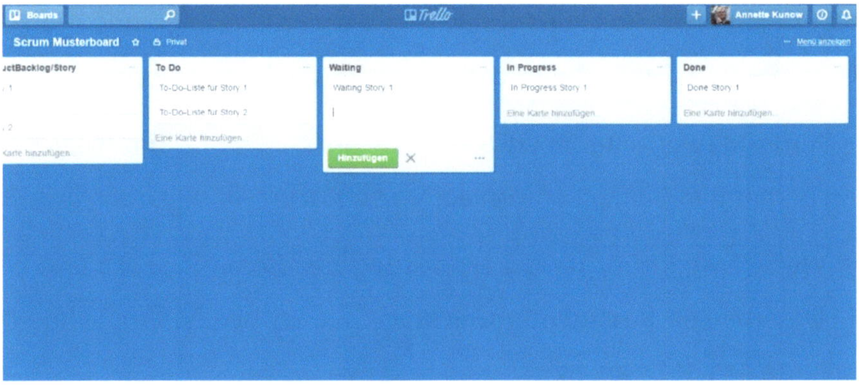

Bild 8.16: ScrumBoard mit Trello

8.3.2 Design-Thinking

Design-Thinking ist eine besonders kreative Methode des Projektmanagements und stellt die Bedürfnisse des Kunden in den Mittelpunkt. Der gesamte Prozess ist dynamischer Prozess. Die Projektschritte werden im laufenden Projekt kontinuierlich geändert.

Das Design-Thinking umfasst sieben Schritte. Innerhalb dieser sieben Schritte können Probleme zusammengefasst, die richtigen Fragen gestellt, mehr Ideen zusammengetragen und die besten Antworten gewählt werden.

Dieser Prozess kann für einzelne Schritten wiederholt werden, um durch dieses iterative Vorgehen das optimale Projektergebnis zu erzielen /8.6/, /8.7/.

1. Schritt: Definieren

Hier wird die Formulierung von gezielten Fragestellungen erarbeitet, um die Bedürfnisse und Herausforderungen des Projektes zu bestimmen.

2. Schritt: Forschen

Durch eine nachfolgende, intensive Recherche und Feldbeobachtungen werden Informationen über das Produkt gesammelt, die zum Beispiel auch durch Experten aus den jeweiligen Projektbereichen erweitert werden können. Natürlich können auch persönliche Erfahrungen in das Projekt eingebracht werden.

3. Schritt: Finden

Hier werden durch Brainstorming-Methoden Ideen für das Projekt kreiert.

Dabei ist es wichtig, möglichst zahlreiche, möglichst kreative Lösungen zu erzielen. Ob eine solche neue Idee sinnvoll ist und/oder wirtschaftlich ist, darf in dieser Phase keine Rolle spielen. Jegliche Kritik ist zu unterlassen, um den Ideenschaffungsprozess nicht zu unterbrechen.

Jetzt werden die so gesammelten, umfassenden Informationen fokussiert, das heißt, die für das Projekt relevanten Informationen werden gebündelt und angewendet. Dazu gehören neben neuen konstruktiven Ideen auch mögliche Fehler aus vorangegangenen Projekten.

4. Schritt: Bauen der Prototypen

Wenn ausreichend viele Ideen gefunden sind, werden nun simple Prototypen erstellt, um diese an der Zielgruppe zu testen und die Vor- und Nachteile des Produktes aufzuzeigen.

5. Schritt: Wählen

Schließlich wird durch die gewonnenen Einsichten aus diesem Schritt das endgültige Produkt entwickelt. Alle durch das Testen der Prototypen Veränderungen an den Lösungsvorschlägen werden eingearbeitet und/oder die notwendigen Korrekturen am bisherigen Lösungsmodell werden eingeführt.

6. Schritt: Implementieren

Die so erarbeitete Lösung wird ausgeführt.

7. Schritt: Lernen

Aus den gemachten Erfahrungen wird das Wissen für neue Projekte erarbeitet.

8.3.3 Fallbeispiel der Planung einer Semesterfahrt MM1 mit Scrum

Der Aufbau des Projektes „Semesterfahrt MM1" entspricht erst einmal dem klassischen Ansatz im Projektmanagement. Es beinhaltet neben den zu Beginn festgelegten Anforderungen und Zielen einen fixen Zeitplan, sowie Projektspezifikationen. Im Gegensatz zum Vorgehen im agilen Projektmanagement werden in diesem Projekt keine fortlaufenden Rücksprachen mit den Stakeholdern (Studenten, Verantwortliche für Transfer und Unterkünfte etc.) vorgesehen.

Daher werden die Anforderungen und Ziele über den gesamten Projektzeitraum unverändert festgehalten. Jedoch sieht die Projektorganisation eine einmalige Informationsveranstaltung vor, in der die variablen Reiseorte vorgestellt und von den Studenten abgestimmt werden können.

Weiterhin sind zu jedem Zeitpunkt des Projektes Rückmeldungen von den Studenten per Mail möglich, um spezielle Wünsche, Anregungen und Kritik zu äußern. Die Rückmeldungen nehmen sowohl Einfluss auf die Anforderungen, wie auch auf die Ziele des Projektes, zum Beispiel bei einer Änderung der kulturellen Interessen der Teilnehmer im Laufe des Projektes.

Im Hinblick auf agiles Projektmanagement müssen für ein inkrementelles bzw. iteratives Vorgehen über den gesamten Zeitraum weitere Termine zur Abstimmung mit allen Stakeholdern eingeplant werden, um die sich eventuell ändernden Anforderungen und Ziele anzupassen. Diese bleiben dafür zu Beginn des Projektes variabel.

Eine fortlaufende Abstimmung über die Projektziele sowie den Projektfortschritt würde die Wahrscheinlichkeit für den Erfolg erhöhen und zu einer höheren Zufriedenheit mit dem Projektergebnis bei allen Beteiligten führen.

Allerdings müsste auch ein höherer Personaleinsatz von beiden Seiten erfolgen.

Hier können Sie eine kostenlose Strategie-Session buchen oder schreiben Sie mir, wenn Ihnen dieses Buch gefällt und Sie Anregungen oder Fragen haben.

Hier kommen Sie zum kostenlosen Bonusmaterial zum Buch.

Besuchen Sie auch meinen Blog „Selbstführung & Produktivität". Ich helfe Ihnen, bessere Ergebnisse zu erzielen.

9 Ideenfindung und Problemlösung

Phantasie ist wichtiger als Wissen.

Albert Einstein

Wer erfolgreich Projekte durchführen will, braucht Werkzeuge zur Ideenfindung und Problemlösung. Projektleiter haben damit zum einen die Möglichkeit, auch bei abstrakten Aufgabenstellungen gute Ideen zu finden. Zum anderen hilft ihnen eine professionelle Kommunikation, angemessen zu reagieren und die Ursachen für Konflikte schnell festzustellen.

9.1 Kreativitätsmethoden

Es gibt eine ganze Reihe von Werkzeugen zur Ideenfindung, die Kreativitätsmethoden. Hier sind nur die bekanntesten aufgeführt,

- Brainstorming,
- Mind-Map,
- MOSES-Methode,
- Das LEODARDO-Prinzip
- ABC-Methode nach Birkenbihl.

Diese Methoden sind informelle Arbeitsweisen, die das kreative Potential eines Einzelnen oder einer Gruppe durch freie Ideenassoziation anzapfen.

Durch den freien Fluss der Gedanken kommen weit hergeholte Zusammenhänge eines Begriffs zustande. Die Methoden dienen dazu, möglichst viele Aspekte eines neuen, vielleicht abstrakten Themas zu erschließen.

Das reicht bei dem abstrakten Begriff Spannung zum Beispiel von der mechanischen Bedeutung bis hin zum psychischen Zustand des Menschen.

Durch diese vielseitigen Aspekte wird der Begriff umfassend betrachtet. Mit einiger Übung diese Methoden große Projekte zu entwickeln und dann zu gliedern. In den folgenden Kapiteln werden diese Methoden einzeln beleuchtet.

9.1.1 Brainstorming

Jedes Geschäft muss künstlerisch behandelt werden, wenn es sicher und dauernd und durchaus zweckmäßig gelingen soll.

Novalis

Meist wird diese Methode in Gruppen durchgeführt. Wenn ein Gruppenmitglied eine Idee ausspricht, löst dieser Impuls bei den anderen Gruppenmitgliedern Assoziationen und neue Ideen aus, die wiederum beim Urheber der ursprünglichen Anregung zu weiteren Ideen führen kann und so weiter.

Dieses effiziente Werkzeug unterstützt die Konkretisierung und Analyse neuer Ideen sowie die Ableitung und Entwicklung weiterer Ideen. Weiter erlaubt sie, neue Ideen aus einer Vielzahl von Blickwinkeln und Perspektiven zu betrachten. Es bietet einen Rahmen, in dem neue Ideen festgehalten und verknüpft werden, und ist zugleich eine Plattform, auf der diese in Pläne, Projekte und Aktivitäten umgesetzt werden können.

In der Vorlesung Projektmanagement & Business Coaching wird statt einer schriftlichen Prüfung ein selbstbearbeitetes Projekt gefordert. Natürlich haben die Studentinnen und Studenten anfangs "gar keine Idee", was sie machen sollen. Durch eine Brainstorming-Sitzung werden mögliche Projektideen gesammelt, die danach unter Projektthemen sortiert werden.

Vorgehen beim Brainstorming

- Alle von den Gruppenmitgliedern eingebrachten Ideen werden festgehalten, zum Beispiel auf einem Flip-Chart oder mit Hilfe von Merkkarten an einer Pinnwand.
- Die gesammelten Ideen werden zu diesem Zeitpunkt noch nicht bewertet oder beurteilt, außer, um etwaige Missverständnisse klarzustellen, und noch nicht sortiert.
- Auch "weit hergeholte" Ideen werden offen angenommen. Die Diskussion darüber findet später statt, dann kann man immer noch streichen.
- Wiederholungen sind in Ordnung und werden zu diesem Zeitpunkt nicht kontrolliert oder gar aussortiert. Der Prozess könnte dadurch unterbrochen werden.
- Hier geht Quantität vor Qualität. Je mehr Ideen festgehalten werden, desto größer ist die Möglichkeit, eine nützliche zu finden.
- Die Brainstorming-Sitzung darf nicht zu früh beendet werden. Wenn die Ideenflut abschwillt, ist eine kurze (Denk-) Pause nützlich. Danach kann das Brainstorming wieder aufgenommen werden.

Danach führt die Gruppe gemeinsam eine Durchsicht und Strukturierung der neu gefundenen Ideen durch. Jetzt wird sortiert, beurteilt und verworfen. Dazu ist im Allgemeinen ein Moderator notwendig, der die Gruppe leitet. Diese Rolle fällt im Projekt dem Projektleiter zu.

Der Projektleiter ist immer auch der Moderator des Teams. Er hat jedoch selten eine spezielle Ausbildung dafür, deshalb kommt es in der Anwendung der Kreativitätsmethoden häufig zu Problemen. Beispielsweise gelingt es oft nur unvollständig, die Ergebnisse einer Brainstorming-Sitzung zu entwirren, besonders wenn bereits einige Zeit seit der Sitzung verstrichen und die logische Weiterentwicklung der Ideen nicht mehr klar nachvollziehbar ist.

Oft wird in Brainstorming-Sitzungen beobachtet, dass das Verfahren nicht richtig angewandt wird. Viele Moderatoren lassen sich nicht die Zeit, Ideen ohne Bewertung zu sammeln.

Ein sofortige Sortieren gleicht dabei einer Zensur: Jetzt assoziieren die Teilnehmer nicht mehr frei, sondern fragen sich, was in das gegebene Schema passt.

Oder der Moderator ist nicht konsequent in der Durchsicht und Strukturierung. Wenn nach einer Brainstorming-Sitzung kein logisches Ende gefunden wird, möglicherweise auch mit weiteren offenen Aufgaben, verlieren die Teilnehmer die Lust an dieser sehr effizienten Methode.

Gerade bei abstrakten Projekten, zum Beispiel Entwicklungsprojekten oder wissenschaftlichen Arbeiten, ist es schwierig, eine zündende Idee oder das entsprechende Thema zu finden. Dann kann man wieder mit Hilfe der freien Assoziation wie auch beim Brainstorming die Gedanken auf Wanderschaft schicken und sich dem Thema über eine Mind-Map nähern.

9.1.2 Mind-Map

Durch eine Kombination von Bildern, grafischen Elementen (Linien, Boxen) und Schlagwörtern sorgt die Mind-Map-Methode dafür, dass die Verbindungen zwischen den unterschiedlichen Aspekten der

Ideensammlung für jeden klar ersichtlich sind und deren natürliche Entwicklung nachvollziehbar bleibt, so dass stets der volle Überblick über die Umsetzung der Gedanken erhalten bleibt.

Eine Mind-Map verzweigt sich von innen nach außen und ermöglicht unstrukturiertes Arbeiten in neuronalen Strukturen, die der rechten (kreativen) Hirnhälfte entsprechen.

Die Theorie, die hinter dem Konzept von Mind-Map steht, unterstützt die Kombination der intuitiven Funktionsweise der rechten Gehirnhälfte mit der strukturierten Funktionsweise der linken. Auf diese Weise kann die Kreativität ungehindert fließen und es entsteht zugleich die Möglichkeit, diese Energie zu kanalisieren, neue Gedanken zu strukturieren und diese nach und nach in konkrete Pläne für Maßnahmen umzusetzen. Zum Thema Funktionen eines Kontrollgerätes wird in Bild 9.1 eine Mind-Map erstellt.

Es ist also ein Werkzeug, mit dem neue Ideen festgehalten, organisiert und realisiert werden können.

Denn Planung bedeutet nicht nur die Bestimmung von Terminen und Stichtagen. Planung erfordert vielmehr die Fähigkeit, einen Prozess als Ganzes zu überdenken, um das Zusammenspiel der einzelnen Gedanken zu erkennen und die Prioritäten so zu setzen, dass erst-von zweitrangigen Aktivitäten (siehe auch: Kap.6.5) getrennt werden.

Den Zweigen des Mind-Map können Notizen unterlegt werden, die den Text weiter erläutern. Das Programm MindManager® hat einen direkten Link zu MS Powerpoint®, MS Word® und MS Project®. Damit kann ein Folienvortrag von dem Mind-Map erstellt, eine Gliederung in MS Word oder ein Projektplan aufgestellt werden.

So können ganz verblüffende Zusammenhänge entstehen, weil ein Außenstehender, hier das Programm, die Untersuchung strukturiert.

Dieselbe Wirkung wird erzielt, wenn ein eben geschriebener Text vom Computer vorgelesen wird.

Diese Methoden kommen in vielen Bereichen zur Anwendung – bei der Analyse und Bewertung von Organisations-und Führungsstrategien ebenso wie bei der Vermittlung von Wegen zur Lösung von Führungsaufgaben oder beim Training in der Unternehmens-und Mitarbeiterführung.

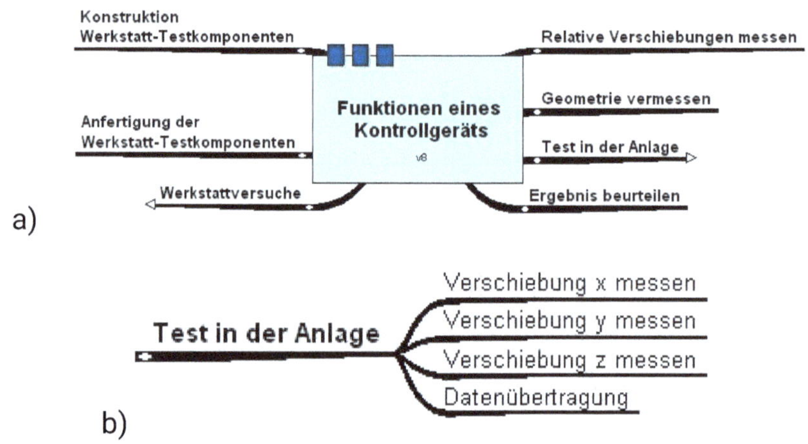

Bild 9.1: Mind-Map zum Thema Funktionen eines Kontrollgerätes; a) Übersicht ohne Unterebenen; b) Unterebene des Hauptzweiges Test in der Anlage

9.1.3 MOSES-Methode

Die Moderatorin Carmen Thomas /9.1/ hat jahrzehntelang samstags Radiosendungen moderiert. Um auf spannende Ideen zu kommen, hat sie die MOSES-Methode entwickelt. Die Abkürzung steht für Mensch, Ort, Sachbegriff, Ereignis und Sinnlichkeit.

Nun wird zu einem Begriff, in Tabelle 9.1.1 ist es der abstrakte Begriff "Gleichgewicht", alles aufgeschrieben, was spontan einfällt. Daraus kann eine neue Geschichte entwickelt werden.

Tabelle 9.1.1 MOSES für Gleichgewicht

Mensch	Ort	Sachbegriff	Ereignis	Sinnlichkeit
Ausgeglichen Vermittler ruht in sich bewegt sich nicht gerecht verteilt Gewichtig Gerechtigkeit Waage Einklang Dalai Lama	Wippe Auf der Wippe oben verhungern lassen Ungleichgewicht Laotse horizontal Paradies	Ruhe Stillstand Gleichgewicht Gleichheit Gleichung Pfahl Seilabspannung Halten	Pattsituation Schach Lösung Auflösung Ruhe vor dem Sturm Ausgleich Kippen Umkippen Umschlagen	sich zusammenrollen Katze Tier Pflanzen Gesundheit Gleichgewicht in der Natur Umkippen des Meeres

9.1.4 Das LEODARDO-Prinzip

Leonardo da Vinci (1452-1519) gilt als Universalgenie der Renaissance, der Zeitwende vom Mittelalter zur Neuzeit. Er war Maler, Bildhauer, Wissenschaftler und kühner Erfinder. Er hat das volle Potential seiner schöpferischen, technisch-wissenschaftlichen und handwerklichen Fähigkeiten ausgeschöpft, wie es nur wenige Menschen verstehen.

So ist er bestens geeignet, als Vorbild für Kreativität und Ideenfülle zu stehen.

Micheal J. Gelb /9.3/ hat die 7 Erfolgsprinzipien, nach denen Leonardo da Vinci lebte, in ein Lernprogramm umgesetzt. Setzt man

Tabelle 9.1.2 Die 7 Erfolgsprinzipien

Curiosià	**Dimostrazione**
Die unstillbare Neugier auf das Leben und die beständige Suche nach neuem Wissen.	Die Bereitschaft, Wissen durch Erfahrung und Beharrlichkeit zu überprüfen und aus Fehlern zu lernen.
Sensazione	Sfumato
Die beständige Sensibilisierung der Sinne, vor allem des Sehens, als ein Mittel zur Belebung der Erfahrung.	Die Bereitschaft, Mehrdeutiges, Paradoxien und Unsicherheiten zu akzeptieren. wörtlich: in Rauch aufgehen

Fortsetzung Tabelle 9.1.2

Arte/Scienza	Corporalità
Die Entwicklung des Gleichgewichtszwischen Wissenschaft, Kunst, Logik und Phantasie. Ganzheitliches Denken.	Die Kultivierung von Anmut, Beidhändigkeit, Fitness und Haltung.
Connessione	
Die Erkenntnis, dass alle Dinge und Phänomene miteinander verbunden sind. Systemisches Denken.	

diese 7 Schritte um, ist man dem beruflichen, aber auch persönlichen Erfolg ein großes Stück näher, weil die ungeahnten Talente, über die jeder Mensch verfügt, mit diesem Programm wieder aktiviert werden.

Die Bilder 9.2 und 9.3 zeigen einige der berühmten Werke Leonardo da Vincis /9.3/.

a) b)

Bild 9.2 Leonardo da Vinci; a) Das Abendmahl, 1495-1498; b) Der vitruvianische Mensch, Proportionsstudie nach Vitruv, 1492; /9.4/

a) b)
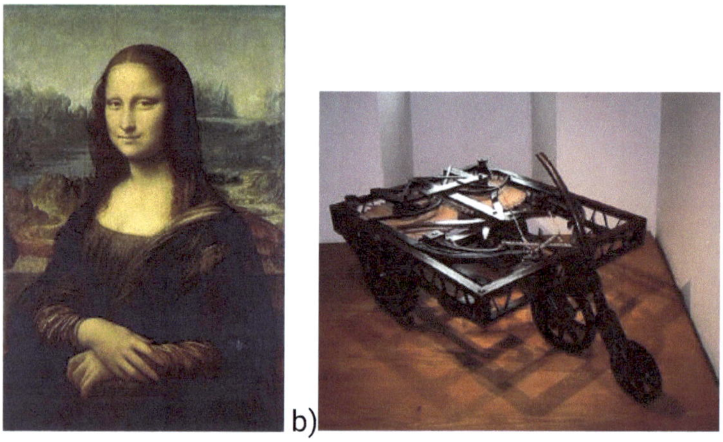

Bild 9.3 Leonardo da Vinci; a) Mona Lisa, 1503–06; b) Automobil /9.4/

9.1.5 ABC-Methode nach Birkenbihl

Die ABC-Listen nach Birkenbihl lassen sich prima zur stressfreien Wiederholung im Unterricht und zur Prüfungsvorbereitung nutzen.

Zuerst schreiben zwei Personen ihr Wissen in ihre individuelle ABC-Liste (Bild 9.4). Dies ist eine Tabelle, deren 1. Spalte vertikal mit dem Alphabet nummeriert ist. Die 2. Spalte bleibt zum Schreiben der Information.

Tabelle 9.5 ABC-Liste

A	
B	
C	
...	

Nun vergleichen und ergänzen die Partner ihre individuellen Listen mit der Information des anderen.

Diese Informationen werden gesprochen, bewertet und weiter ergänzt, vielleicht auch ausgetauscht.

Weiter können zum Erarbeiten von Prüfungsstoff schon verstandene Anteile grün und noch unklare Teile rot markiert werden.

Durch das spielerische Element in dieser Methode bekommt der Mensch Freude am Tun.

In meiner Technischen-Mechanik-Vorlesung ist es wichtig, die Studierenden möglichst früh mit dem Stoff vertraut zu machen und gegen ein Lernen kurz vor den Klausuren anzusteuern. Dazu werden Praktika eingeführt, die testiert werden.

Die Studierenden gingen immer sehr lustlos an das Berechnen von vorgegebenen Aufgaben. So war dann auch das Resultat.

Seitdem ich ihnen nur noch Themengruppen vorgab und sie aufforderе, eigene Aufgaben zu kreieren, sind sie voller Eifer dabei und berechnen auch sehr komplexe Aufgaben. Es sind ihre eigenen Interessen, mit denen sie sich beschäftigen.

9.2 Kommunikation

Überall, wo Menschen in enger Beziehung zueinander stehen, gibt es eine große Anzahl von Konfliktherden, die – unbewältigt - einen Teil unserer verfügbaren Energie blockieren.

Im Umgang der Menschen miteinander wird viel geredet, aber noch viel mehr non-verbal transportiert. Das sind zum einen die gewählten Worte, aber auch der Tonfall, die Betonung, etc. Zum anderen aber, da nur ein Siebtel der Kommunikation über das gesprochene Wort stattfindet, erfolgt der größte Teil der Kommunikation über non-verbale Inhalte, also Körpersprache, Gestik und Mimik.

Eine professionelle Kommunikation ermöglicht, die Verhaltensweisen und Signale der Kommunikationspartner richtig wahrzunehmen, um angemessen reagieren zu können und die eigentliche Ursache seiner Aussage festzustellen.

Das Vier-Ohren-Modell von Schulz von Thun gibt einen Einblick, wie unsere Aussagen beim Gegenüber ankommen. Es gelten immer die vier Seiten einer Nachricht: Sachinhalt, Selbstoffenbarung, Beziehung und Appell, sowohl beim Sender als auch Empfänger.

In Bild 9.4 können wir regelrecht die Empörung des kleinen Mädchens hören, obwohl es keine akustische Wiedergabe gibt. Allein die Körpersprache, der in die Hüfte gestemmte, der erhobene Arm und der Gesichtsausdruck, etc. geben uns darüber Auskunft.

Erst das genaue Hinterfragen bringt die genaue Bedeutung einer Aussage an die Oberfläche. Zum Beispiel hilft eine gezielte Befragung der jeweiligen Gesprächspartner, um die tatsächliche Ursachen einer Aussage herauszufinden. Dabei ist sehr wichtig, das

Gegenüber genau zu beobachten, denn die Körpersprache verrät die eigentlichen Ursachen.

Immer neue Kommunikationstechniken werden erprobt, zum Beispiel das immer aktueller werdender Werkzeug Mediation. Durch Befragen der einzelnen Parteien wird eine Lösung erarbeitet, die allen gerecht wird: das Win-Win-Prinzip.

Bild 9.4 Nonverbale Kommunikation /9.2/

In Bild 9.5 wird das Vier-Ohren-Modell von Schulz von Thun /9.5/, die Inhalte einer Nachricht vom Sender oder Empfänger. Jede Nachricht hat verschiedene inhaltliche Aspekte (Bild 9.6). Je nach unseren Erfahrungen mit dem Gegenüber und anderen Personen, neigen wir in einem bestimmten Muster auf Nachrichten zu reagieren. Damit sind oft Konflikte vorprogrammiert (Bild 9.7).

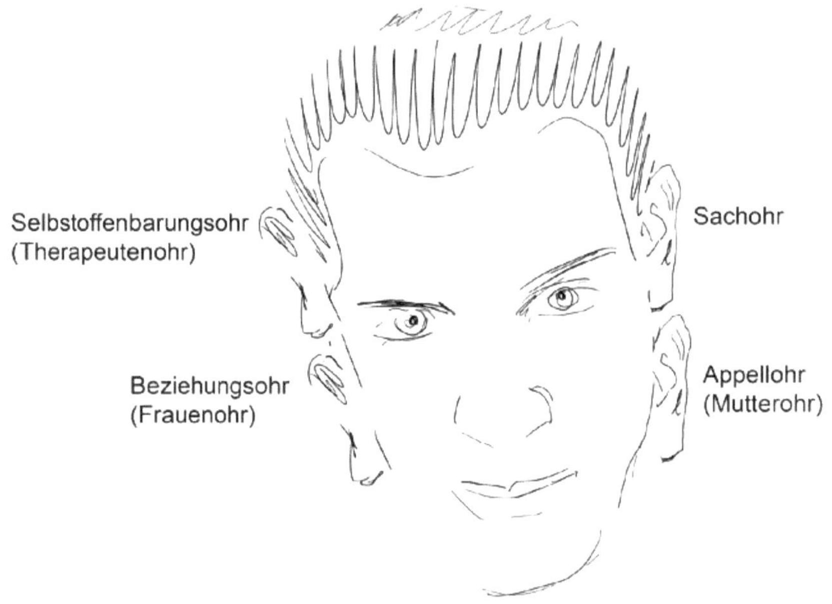

Bild 9.5 Vier-Ohren-Modell; Sowohl als Sender als auch als Empfänger

Wenn man es häufig mit solchen Situationen zu tun hat, muss die eigene Kommunikationsfähigkeit geschult werden. Dazu gibt es eine Reihe von Methoden, die in der Literatur unter der Rubrik Schlüsselqualifikationen zu finden sind. Hier kann nur ein kurzer Einblick in das Thema gegeben werden.

Dabei ist die Beachtung der Die 5 Axiome der Kommunikationstheorie von Paul Watzlawick hilfreich /9.6/

- Man kann nicht nicht kommunizieren
  Kommunikation kennt kein Gegenteil. Wir können nicht Nicht-Kommunizieren, jedes Verhalten wird als Kommunikation interpretiert. Nichtverhalten geben es nicht.

- Jede Kommunikation hat einen Inhalts- und einen Beziehungsaspekt
  Im Zweifelsfall gilt die nonverbale Botschaft. Wenn die Kommunikation auf der verbalen und der nonverbalen Ebene nicht kongruent ist, wird der nonverbalen Aussage größeres Gewicht als der verbalen Aussage beigemessen.
- Kommunikation ist immer Ursache und Wirkung
  Die empfangene Botschaft ist gültig. Nicht was gesendet, sondern was empfangen wird, bestimmt den weiteren Verlauf der Kommunikation. Dem Empfänger steht die gesendete Botschaft nicht zur Verfügung.
- Menschliche Kommunikation bedient sich analoger und digitaler Modalitäten
- Kommunikation ist symmetrisch oder komplementär

Nur nach diesen Prinzipien kann die Kommunikation ohne Konflikte gelingen. Besonders die dritte Regel ist für die tägliche Verständigung immens wichtig. Jeder Mensch hat seine eigenen „Geschichte“ und sollte sich deshalb im Klaren sein, dass seine Aussagen vom Gegenüber auch anders verstanden werden können.

Bild 9.6 Vier-Ohren-Modell von Schulz von Thun /9.5/; Gesendete und empfangene Nachricht

Für den Projektleiter ist es nicht nur wichtig, zu Beginn des Projekts das richtige Projektziel herauszufinden, sondern auch bei Störungen während des Projektverlaufs im Gespräch mit den Teammitgliedern die tatsächliche Ursache dafür zu erkennen.

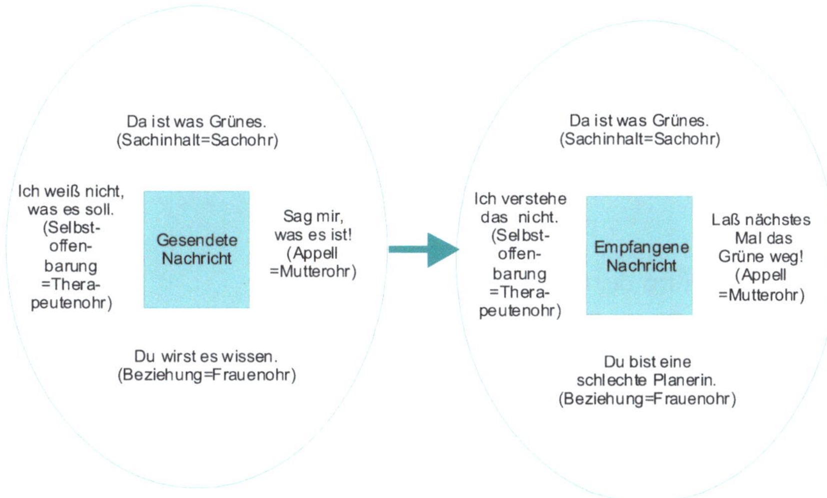

Bild 9.7 Vier-Ohren-Modell von Schulz von Thun /9.3/; Inhalte einer Nachricht vom Sender zum Empfänger

Dazu kann ihm eine Fragetechnik nach dem eigentlichen Ziel helfen. Eine Zieldefinition kann erst dann erfolgreich sein, wenn die inneren Widerstände der Mitwirkenden völlig ausgeräumt sind. Um dies zu erreichen, ist es notwendig, die Beteiligten "dort abzuholen, wo sie stehen". Das geht am besten, wenn im Gespräch alle fünf Sinne angesprochen werden.

Prozesse ganzheitlich sehen

Jeder Mensch hat sein eigenes bevorzugtes Wahrnehmungssystem. Der eine liest sehr gerne lange Berichte, telefoniert aber nicht gerne. Sein bevorzugtes Wahrnehmungsorgan ist bei der Arbeit also eher das Auge (visuell) und nicht so sehr das Ohr (auditiv). Sein Kollege bevorzugt gerade das Telefon und hasst lange Ausarbeitungen. Wenn sich die beiden Kollegen verständigen wollen, müssen sie diese Tatsache berücksichtigen, sonst "reagieren" sie aneinander vorbei.

9.2.1 Zieldefinition

It´s easy to say "no!"

when there´s a deeper "yes!" burning inside

/6.2/

- Zieldefinition ist unumgänglich
- Ohne Wertedefinition keine Zieldefinition
- Was ist wichtig in meinem Leben?
- Fragestellungen zum Vertiefen
    - Was wollen Sie erreichen?
    - Was ist Ihr Ziel?
- Wie genau möchten Sie sich wem gegenüber wann genau verhalten können?
- Was möchten Sie können, wenn Sie Ihr Ziel erreicht haben?

Wenn wir uns vorstellen, dass wir das sind was wir denken, dann wundert es nicht, dass wir selbst bewirken, was uns zu - fällt (Bild 9.8). Also gilt auch für unsere Ziele.

Das Wertesystem übernehmen wir zu Beginn unseres Leben von unserer Eltern und nächsten Umgebung. Das sind dann unsere Glaubenssätze, zu unsere Lebensleitlinien werden.

In der Pubertät hinterfragen wir es zum ersten Mal und entwickeln nach und nach unser eigenes Wertesystem.

Um uns weiterentwickeln zu können, müssen wir unser Wertesystem immer wieder hinterfragen.

Jeder von uns hat einmal einen genialen Geistesblitz. Doch die Chancen und Voraussetzungen, ihn auch in die Realität umzusetzen, sind nicht immer gleich verteilt. So manche Chance auf Ruhm und Anerkennung, eine Idee für ein neues Buch, ein neues Produkt oder eine Marketing-Strategie, konnte nur deshalb nicht verwertet werden, weil nicht das richtige Werkzeug zur Verfügung stand, um die Idee über die kritische Phase der Planung hinaus in die Tat umzusetzen.

Erfolg bedeutet etwas mehr als nur, eine großartige Idee zu haben. Er steht und fällt vielmehr mit der Fähigkeit, diese Gedanken in greifbare Ziele umzuwandeln, auf deren Basis Projektpläne ausgearbeitet, Meilensteine gesetzt und Stichtage erreicht werden können. Da Ziele jedoch selten ohne Berücksichtigung des Umfeldes konsequent verfolgt und erreicht werden können, ist ferner Flexibilität und die Fähigkeit der Anpassung an den permanenten Wandel gefordert, dem eine dynamische Arbeitsumgebung unterliegt.

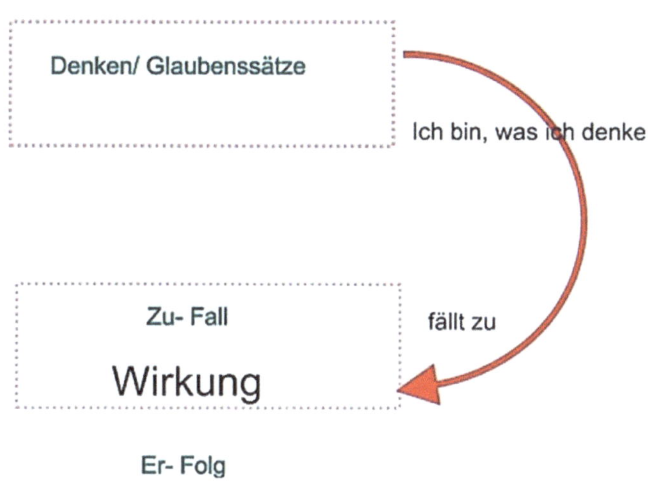

Bild 9.8 Glaubensätze

Deshalb ist es ist notwendig, ein Ziel genau zu definieren. Die Methode des Neurolinguistischen Programmierens (NLP), einem Beschreibungs-, Erklärungs-und Lehrmodell für die Kommunikation, geht dabei prozessorientiert vor.

Dabei ist es immer möglich, auch ohne eine Offenlegung des Ziels zu arbeiten. Dies ist besonders beim Arbeiten in Konfliktsituationen in Unternehmen hilfreich. Allein die Beobachtung seiner Reaktionen und das Hinterfragen mit einer bestimmten Fragetechnik kann dem geübten Projektleiter zeigen, wie er das Verhalten des Mitarbeiters beeinflussen kann, ohne dessen Gefühle zu verletzen.

Bei der "inhaltsfreien" Befragung kennt der Fragende das Ziel des Befragten nicht, da dieser sein Ziel nicht preisgeben will oder kann. Der Fragende muss jedoch sicherstellen, dass der Befragte über eine hinreichend genaue Vorstellung von dem gewählten Zielbild verfügt.

Durch Fragen wie: " ... wo genau, wie genau und wem gegenüber genau ...?" wird eine gute, den Kontext betreffende Analyse erreicht, zum Beispiel zu welchem Zeitpunkt oder in welchem Rahmen das Zielverhalten sinnvoll ist.

Um Klarheit für das Ziel zu bekommen, wird der gewünschte Zustand möglichst mit allen fünf Sinnen (visuell = sehen, auditiv = hören, kinästhetisch = fühlen, olfaktorisch = riechen, gustatorisch = schmecken) (Bild 9.9) beschrieben und angesprochen.

Zum Beispiel verkauft ein Autoverkäufer ein Auto am besten mit den folgenden Worten: „Sehen Sie mal hier die tolle Form der Karosserie (V). Und dann der Sound des Motors (A). Und sitzt man nicht ausgesprochen bequem in den Sportsitzen (K)? Und riechen Sie mal das neue Leder (O)!" Nur schmecken kann man das Auto nicht (G)!

Wird der Inhalt einer Zielvorgabe jedoch veröffentlicht, braucht der Fragende nicht alles wortwörtlich zu verstehen, denn Worte sind nur Metaphern, deren wirkliche Bedeutung selbst dem Zielsuchenden zu Beginn des Prozesses oft noch nicht ganz klar ist.

Hinzu kommt, dass es ja manchmal gerade das Ziel einer Diskussion ist, einen Suchprozess zur Klärung oder Übersetzung dieser Metaphern einzuleiten.

Wenn sich während der Diskussion das Ziel verändert, geht dies meist mit einer Zunahme der Zufriedenheit des Mitarbeiters einher. Dies wird in seinem Körperausdruck sichtbar, zum Beispiel einer symmetrischen Körperhaltung und einem zufriedenen Gesichtsausdruck. Der Gesprächsleiter fördert diesen Prozess, indem er dem Mitarbeiter hilft, sein Ziel immer genauer zu formulieren. Auf diese Weise werden die Aussagen stimmiger, und das Ziel gewinnt an Konturen. Der Mitarbeiter sieht versöhnt und symmetrisch aus. Ganz anders das kleine Mädchen als in Bild 9.4. Er ist sich nun seiner Fähigkeiten bewusst.

Fallbeispiel

Bei einem Repetitorium stellten eine Gruppe von Studierenden Fragen zu Aufgaben und ich erläuterte den Lösungsweg. Ein Studierender fragte nochmals nach, er verstand die Lösung offensichtlich immer noch nicht. Also wurde der Prozess wiederholt. Als ich zum Schluss nachfragte, ob nun alle seine Fragen ausreichend beantwortet seien, antwortete er mit „Ja“, während seinKnie sehr schnell auf – und ab wippte. „Sie vielleicht schon, aber ihr Knie noch nicht.“

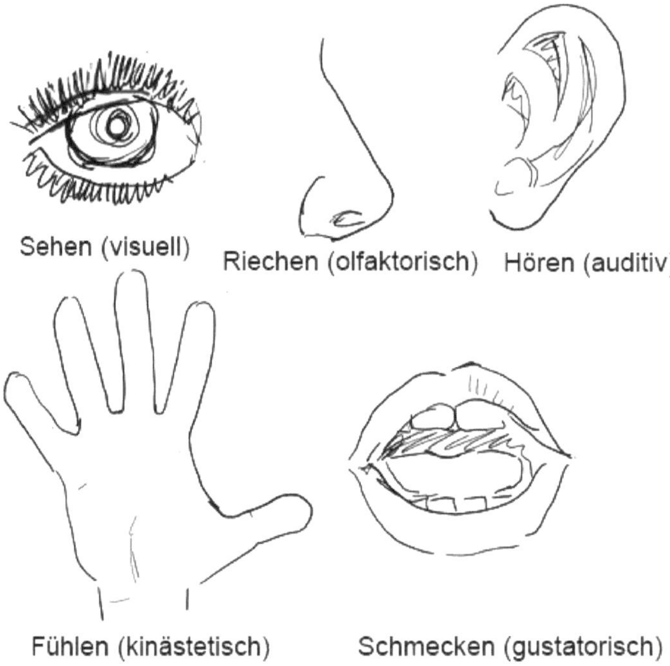

Bild 9.9: Die fünf Sinnesorgane: Sehen, Hören, Fühlen, Riechen, Schmecken

Er bestätigte es mir. Ihm war es zu diesem Zeitpunkt peinlich, zuzugeben, dass er es immer noch nicht verstanden hatte. So konnten wir das Thema noch einmal entspannt angehen.

9.2.2 Methoden der Befragung

9.2.2.1 Wohlgeformte Zieldefinitionen

In Problemsituationen ist das Herausfinden der Ursache meist ein wesentlicher Schritt, um das Problem zu lösen. Es geht darum, dem Gesprächspartner zu helfen, von einem problemorientierten "Weg-von" zu einem lösungsorientierten "Hin-zu" zu führen.

Mit Hilfe einer Fragetechnik wird das gewünschte Ziel so lange verändert, bis es einer "wohlgeformten Zieldefinition" entspricht.

Kommt es im Verlauf dieses Prozesses zu Veränderungen des Zieles, so ist dies erwünscht, denn der Prozess der Formulierung des Zieles dauert so lange, bis es für den Zielsuchenden stimmig und in einigen speziellen oder allen Situationen ohne Einschränkung durchführbar ist.

Dann können die Fähigkeiten, die für diesen Zielzustand besonders vorteilhaft wären, aktiviert und so kann eine Brücke in die Zukunft geschlagen werden.

9.2.2.2 Fragetechniken zur Zielbefragung (Pene-Trance-Modell)

Das Pene-Trance-Modell im NLP ermöglicht, ein mögliches Ziel durch bestimmte Fragen klarer zu definieren. Da es nicht nur bei der Definition eines Projektzieles, sondern auch bei Konflikten innerhalb eines Projektteams eingesetzt werden kann, wird hier allgemein darauf eingegangen.

Fragen zur wohlgeformten Zieldefinition

Folgende Fragen helfen, das Ziel klarer zu beschreiben und besser zu definieren:

- Was wollen Sie erreichen?
- Was ist Ihr Ziel?
- Wie genau möchten Sie sich wem gegenüber wann genau verhalten können?
- Was möchten Sie können, wenn Sie Ihr Ziel erreicht haben?

Das Gegenüber wird veranlasst, sich in die Situation zu versetzen, in der er das Ziel schon erreicht hat. Aus dieser positiven Position heraus lassen sich häufig unklare Randbedingungen besser erfassen und abklären.

Es werden zwei Beispiele parallel bearbeitet. Der Hintergrund des ersten Beispiels "Ziel des Entwicklungsprojektes-Einführung eines PPS-Programms" (blauer Hintergrund) ist, dass der Projektleiter sich zeitweilig zu uninformiert über die kaufmännischen Fakten des Projektes fühlt. Er will zukünftig mehr Kontrolle haben. Und zwar immer, wenn er es gerade benötigt.

Das Beispiel wird in Tabelle 9.2, Tabelle 9.4, Tabelle 9.6, Tabelle 9.8, Tabelle 9.10, Tabelle 9.12 und Tabelle 9.14 bearbeitet.

Diese Zielsuche kann offen im Team diskutiert werden.

Der Hintergrund des zweiten Beispiels "Selbstinitiierte Verhaltensänderung eines Mitarbeiters" (roter Hintergrund) ist, dass ein Teammitglied sich zeitweilig zu persönlich von den Handlungen und Aussagen der anderen, besonders des Herrn Müller, angesprochen fühlt.

Dieses Beispiel wird in Tabelle 9.3, Tabelle 9.5, Tabelle 9.7, Tabelle 9.9, Tabelle 9.11, Tabelle 9.13, Tabelle 9.15 bis Tabelle 9.19 bearbeitet.

Er will zukünftig mehr Kontrolle über seine eigene Reaktion haben. Und zwar immer, wenn er es gerade benötigt. Da diese Zielsuche sehr persönlich ist und auch persönliche Schwächen von ihm ansprechen könnte, ist die Durchführung besser für ein Gespräch unter vier Augen geeignet.

Positive Formulierungen (keine Negation)

Negative Formulierungen sind ungeeignet, den Zielsuchenden in eine gewünschte, positive Zielsituation hineinzuversetzen. Das erreichen nur positive Formulierungen. Folgende mögliche Gegenfragen helfen, um negative Formulierungen positiv formulieren zu können.

Tabelle 9.2 Beispiel; Ziel des Entwicklungsprojektes "Einführung eines PPS-Programms".

Was wollen Sie erreichen?	Ich möchte zu jedem Zeitpunkt die Kontrolle über mein Entwicklungs-projekt haben, zum Beispiel den aktuellen Stand des Budgets.
Was ist Ihr Ziel?	Wenn ich am Abend noch einmal den Projektfortschritt anschauen will, sollen alle relevanten Zahlen aktuell sein, damit ich ruhig schlafen kann.
Wie genau möchten Sie sich wem gegenüber wann genau verhalten können?	Meinem kaufmännischen Projekt-leiter gegenüber möchte ich zu jeder Zeit über Verzögerungen im Bilde sein.
Was möchten Sie können, wenn Sie Ihr Ziel erreicht haben?	Ich möchte per Knopfdruck alle relevanten Projektdaten parat haben.

- Wie genau wird es sein, wenn Sie nicht mehr "x" sind /haben? (gestresst sind, keine Angst mehr haben, etc.)
- Was sind Sie /haben Sie /fühlen Sie stattdessen?

Wichtig dabei ist, dass der Zielsuchende seine eigene Formulierung finden muss und sie nicht vom Moderator vorgegeben bekommt.

Tabelle 9.3 Beispiel; Selbstinitiierte Verhaltensänderung eines Mitarbeiters.

Was wollen Sie erreichen?	Ich möchte ruhig den Besprechungen folgen können, ohne aus der Haut zu fahren, wenn jemand einen Fehler gemacht hat.
Was ist Ihr Ziel?	Ruhig zu bleiben.
Wie genau möchten Sie sich wem gegenüber wann genau verhalten können?	Wenn der Kollege Müller wieder um eine Sache herumredet, möchte ich ihm ruhig und sachlich begegnen können.
Was möchten Sie können, wenn Sie Ihr Ziel erreicht haben?	Ich möchte mich auf den Inhalt der Besprechung konzentrieren und sachlich bleiben können.

Tabelle 9.4 Beispiel; Ziel des Entwicklungsprojektes "Einführung eines PPS-Programms".

Wie genau wird es sein, wenn Sie nicht mehr beunruhigt über die Situation des Projektes sind?	Ich habe zu jedem Zeitpunkt die Kontrolle und fühle mich als Handelnder.
Was haben Sie stattdessen?	Ich kann stressfrei die nächsten Aufgaben bearbeiten.

Keine Vergleiche

Auch Vergleiche sind ungeeignet. Folgende mögliche Gegenfragen bei Vergleichen sind. Durch folgende Fragen lassen sie sich formulieren

- Was wissen /können Sie, wenn Sie "x" sind?
- Was /wie sind Sie, wenn Sie "x" sind?
- Woran werden sie erkennen, dass Sie "x" (sicher, stressfrei,...) sind?

Tabelle 9.5 Beispiel; Selbstinitiierte Verhaltensänderung eines Mitarbeiters.

Wie genau wird es sein, wenn Sie nicht mehr ungeduldig mit Ihrem Kollegen sind?	Ich sitze entspannt in der Besprechung und mache mir sachlich relevante Notizen.
Was haben Sie stattdessen?	Ich behalte den Überblick und kann mich auf das Wesentliche konzentrieren, zum Beispiel die nächsten anstehenden Aktionen für das Projekt.

Spezifizieren des Verhaltenskontextes

Wichtig ist auch immer, zum Schluss abzuklären, wann und wie das gewünschte Ziel eingesetzt werden kann.

- Wie, wann, wo und wem gegenüber soll es sein?
- Wenn Sie Ihr Ziel erreicht haben, wo und wann, in welcher Situation werden Sie sich dann wem gegenüber wie verhalten?

Aber es kann auch wichtig sein abzuklären, wem gegenüber man sich nicht so verhalten möchte!

Tabelle 9.6 Beispiel; Ziel des Entwicklungsprojektes "Einführung eines PPS-Programms".

Wie wissen Sie, dass Sie ruhig sind?	Ich kann mich auf die Dinge konzentrieren, die vor mir liegen.
Wie sind Sie, wenn Sie stressfrei sind?	Ich bin locker, kreativ.
Woran werden sie erkennen, dass Sie stressfrei sind?	Ich pfeife während der Arbeit vor mich hin oder kann auf andere gut eingehen.

Tabelle 9.7 Beispiel; Selbstinitiierte Verhaltensänderung eines Mitarbeiters.

Wie wissen Sie, dass Sie entspannt sind?	Ich lehne mich an der Stuhllehne an und konzentriere mich auf das Gesagte.
Wie sind Sie, wenn Sie entspannt sind?	Ich bin freundlich und habe gute Ideen.
Woran werden sie erkennen, dass Sie stressfrei sind?	Ich bin kreativ und finde auch unkonventionelle Lösungen.

Sinnesspezifisch konkretisieren

Es muss herausgefunden werden, wie sich der Zielsuchende fühlen könnte, wenn das gewünschte Ziel erreicht ist? Besonders bei zwischenmenschlichen Konflikten ist dies ein wichtiger Punkt, um Zufriedenheit zu erreichen.

- Woher werden Sie wissen, wenn das Ziel erreicht ist?
- Was genau werden Sie sehen, hören, fühlen, oder auch riechen oder schmecken, wenn Sie dabei sind, Ihr Ziel zu erreichen? (V A K O G (Bild 9.8)
- Wo genau fühlen Sie es (im Körper)?

Kurzer Feedback-Bogen

Die Rückmeldung über den Erfolg soll kurz sein, damit er im Gedächtnis präsent und jederzeit abrufbar ist.

- Woran können Sie sehen, dass Ihr Ziel erreicht ist?

Tabelle 9.8 Beispiel; Ziel des Entwicklungsprojektes "Einführung eines PPS-Programms".

Wie, wann, wo und wem gegenüber soll es sein?	Von meinem PC am Schreibtisch kann ich die aktuellen kaufmännischen Zahlen jederzeit abfragen.
Wenn Sie Ihr Ziel erreicht haben, wo und wann, in welcher Situation werden Sie sich dann wem gegenüber wie verhalten?	Wenn ich in das Programm gehe und die aktuellen Zahlen liegen mir sofort vor, kann ich mich über den Projektfortschritt freuen, auch wenn nicht alles hundertprozentig nach Plan läuft.

Zielerleben, Zielverhalten

Damit das Zielerleben und Zielverhalten vom Zielsuchenden immer wieder initiierbar und aufrechterhaltbar ist, kann folgende klärende Frage helfen, das Ziel noch genauer zu definieren und zu festigen:

- Angenommen, Sie könnten etwas lernen, das Sie diesem Ziel näher bringt, was wäre das?

Fragen zum Vertiefen und Stärken des gefundenen Ziels

Dieser Schritt eignet sich besonders zur Arbeit in Einzelgesprächen, nicht so sehr innerhalb einer Gruppe, denn hier wird "Arbeit an sich selbst" geleistet, die vielleicht nicht der Öffentlichkeit gezeigt werden soll.

Tabelle 9.9 Beispiel; Selbstinitiierte Verhaltensänderung eines Mitarbeiters.

Wie, wann, wo und wem gegenüber soll es sein?	Wenn ich merke, dass ich mich beginne aufzuregen, und dann selbst entscheiden kann, vor meinen Kollegen mein Temperament zu zügeln.
Wenn Sie Ihr Ziel erreicht haben, wo und wann, in welcher Situation werden Sie sich dann wem gegenüber wie verhalten?	Auch den Kollegen, die mich heute aus der Ruhe bringen, bin ich freundlich und geduldig gegenüber.

Im Einzelgespräch, zum Beispiel mit einem unzufriedenen Mitarbeiter, kann sich das Gegenüber leichter öffnen und seine Bedenken und Befürchtungen darlegen.

Jeder Mensch hat Fähigkeiten, die ihm beim Erreichen, bzw. Finden eines Zieles helfen können. Er kann sie sich aus seinen eigenen Erfahrungen wieder ins Bewusstsein zurückrufen oder er kann sie bei anderen Menschen beobachten und sich wünschen, sie auch zu besitzen.

Tabelle 9.10 Beispiel; Ziel des Entwicklungsprojektes "Einführung eines PPS-Programms".

Woher werden Sie wissen, dass das Ziel erreicht ist?	Meine Fragen nach dem aktuellen Stand des Projekts werden schnell beantwortet und halten auch der Prüfung stand.
Was genau werden Sie sehen, hören, fühlen, oder auch riechen oder schmecken, wenn Sie dabei sind, Ihr Ziel zu erreichen? (V A K O G)	Ich bin im Schulterbereich entspannt (K). Die Zähne sind locker aufeinander (K). Ich bin konzentriert und erkenne schnell die Zusammenhänge (V).
Wo genau fühlen Sie es?	Ich bin entspannt und freundlich mit den Kollegen.

Tabelle 9.11 Beispiel; Selbstinitiierte Verhaltensänderung eines Mitarbeiters.

Woher werden Sie wissen, dass das Ziel erreicht ist?	Ich nehme meine Verärgerung wahr und kann sie selbst steuern.

Fortsetzung Tabelle 9.11

Was genau werden Sie sehen, hören, fühlen, oder auch riechen oder schmecken, wenn Sie dabei sind, Ihr Ziel zu erreichen? (V A K O G)	Ich sehe auch die Fähigkeiten des Kollegen (V), der mich sonst aus der Ruhe bringt, und kann so freundlich und geduldig ihm gegenüber bleiben (K).
Wo genau fühlen Sie es?	Ich fühle mich der Situation gewachsen. Das gibt mir ein gutes Gefühl, sonst habe ich Magenschmerzen.

Tabelle 9.12 Beispiel; Ziel des Entwicklungsprojektes "Einführung eines PPS-Programms".

Woran können Sie sehen, dass Ihr Ziel erreicht ist?	Meine Fragen nach dem aktuellen Stand des Projekts werden schnell beantwortet und halten auch der Prüfung stand.

Tabelle 9.13 Beispiel; Selbstinitiierte Verhaltensänderung eines Mitarbeiters.

Woran können Sie sehen, dass Ihr Ziel erreicht ist?	Ich bin ruhig und entspannt und habe ein gutes Gefühl im Magen.

Tabelle 9.14 Beispiel; Ziel des Entwicklungsprojektes "Einführung eines PPS-Programms".

Angenommen, Sie könnten etwas lernen, das Sie diesem Ziel näher bringt, was wäre das?	Ich könnte die Bedienung des Programms erlernen.

Tabelle 9.15 Beispiel; Selbstinitiierte Verhaltensänderung eines Mitarbeiters.

Angenommen, Sie könnten etwas lernen, das Sie diesem Ziel näher bringt, was wäre das?	Ich lerne, die Fähigkeiten der anderen im Auge zu behalten.

Erschließen der vorhandenen Fähigkeiten

Durch gezielte Fragen können solche Fähigkeiten an sich selbst oder einem Vorbild bewusst gemacht werden:

- Welche Fähigkeiten haben Sie generell, um von einem schwierigen Zustand in einen guten Zustand zu kommen? (mindestens drei Möglichkeiten nennen)
- Was machen andere Menschen, was würden andere Menschen tun, um das zu erreichen?

Jedes Verhalten hat in einem gewissen Kontext einen Sinn. Es wird erst dann negativ, wenn der Kontext nicht mehr dazu passt. Das lässt sich zum Beispiel am Verhalten „Schreien“ verdeutlichen. Um Hilfe zu schreien, ist sicher ein sinnvolles Verhalten. Seine Kinder oder Mitarbeiter anzuschreien, ist dagegen nicht unbedingt sinnvoll.

Da so jedes noch so negative Verhalten irgendwann einmal sinnvoll war, muss dieses alte Verhalten in diesem Zusammenhang gewürdigt werden. Damit bekommt der Zielsuchende eine Wahlmöglichkeit und kann über sein zukünftiges Verhalten frei entscheiden.

Tabelle 9.16 Beispiel; Selbstinitiierte Verhaltensänderung eines Mitarbeiters.

Welche Fähigkeiten haben Sie generell, um von einem schwierigen Zustand in einen guten Zustand zu kommen?	Ich entspanne mich, indem ich mich locker hinsetzte. Ich atme tief durch. Ich denke an ein positives Erlebnis.
Was machen andere Menschen, was würden andere Menschen tun, um das zu erreichen?	Sie können sich in schwierigen Situationen auch einmal zurücklehnen und sich selbst beobachten.

- Sie als erfahrener Mensch /Profi haben in Ihrem Leben schon viele Dinge erlebt, die jetzt, in welcher Form auch immer, sehr nützlich sein können.
- Wann und wo wollen Sie das jetzige Verhalten unbedingt beibehalten, erleben können? (mindestens drei Möglichkeiten nennen)
- Welchen guten Zweck erfüllt das alte Verhalten?
- Wovor schützt es Sie?

Tabelle 9.17 Beispiel; Selbstinitiierte Verhaltensänderung eines Mitarbeiters.

Sie als erfahrener Mensch haben in Ihrem Leben schon viele Dinge erlebt, die jetzt, in welcher Form auch immer, sehr nützlich sein können.	Ich lächle in mich hinein und denke an etwas Positives.
Wann und wo wollen Sie das jetzige Verhalten unbedingt beibehalten, erleben können?	Wenn ein Kollege sich herausredet. Wenn Gefahr in Verzug ist. Wenn Kollegen unvorbereitet in Besprechungen erscheinen.
Welchen guten Zweck erfüllt das alte Verhalten?	Ich beschleunige Prozesse.
Wovor schützt es Sie?	Vor Stillstand und Zeitverschwendung.

Weiter wird ihm damit auch ermöglicht, in Zukunft sein Verhalten verantwortlich einzusetzen.

- Welche Konsequenzen nehmen Sie in Kauf?
- Sind Sie bereit, den notwendigen Preis zu zahlen? Lohnt sich der Aufwand?
- Haben Sie jetzt, was Sie wirklich wollen?

Damit übernimmt er für sein Handeln die Verantwortung.

- Woran genau werden Sie erkennen, wann das neue und wann das alte Verhalten angezeigt ist?

- Was müssen Sie sehen, hören, fühlen, vielleicht riechen und schmecken, um zu wissen, dass es jetzt an der Zeit ist, das neue Verhalten auszuprobieren?

Tabelle 9.18 Beispiel; Selbstinitiierte Verhaltensänderung eines Mitarbeiters.

Welche Konsequenzen nehmen Sie in Kauf?	Ich muss hin und wieder mein Temperament zügeln.
Sind Sie bereit, den notwendigen Preis zu zahlen? Lohnt sich der Aufwand?	Ja, weil ich so von meinen Kollegen wichtige Dinge erfahre und ihre Fähigkeiten kennenlerne.
Haben Sie jetzt, was Sie wirklich wollen?	Ja.

- Nennen Sie drei Situationen, wo das gerade Gelernte, nützlich für Sie ist?

Tabelle 9.19 Beispiel; Selbstinitiierte Verhaltensänderung eines Mitarbeiters.

Woran genau werden Sie erkennen, wann das neue und wann das alte Verhalten angezeigt ist?	Wenn der Kollege wichtige Erkenntnisse erläutert, bleibe ich ruhig und geduldig.
Was müssen Sie sehen, hören, fühlen, vielleicht riechen und schmecken, um zu wissen, dass es jetzt an der Zeit ist, das neue	Ich bin entspannt und zuversichtlich.

Verhalten auszuprobieren?	
Nennen Sie drei Situationen, wo das gerade Gelernte, nützlich für Sie ist?	In der Fortschrittsbesprechung, in der viele Kollegen vortragen. Ich höre meiner Frau und meinen Kindern besser zu. Ich konzentriere mich auf die wesentlichen Punkte eines Gesprächs.

9.2.2.3 Weitere klärende Fragen

Die Sprache hat eine Oberflächen– und eine Tiefenstruktur. Die Oberflächenstruktur bezeichnet das, was wörtlich gesagt wird. Die Tiefenstruktur das, was wirklich gemeint ist, also den inhaltlich vollständigen Satz.

Wenn man Zweifel an einer Aussage hat, also Fehlgeformtheiten heraushört (Tabelle 9.20 und Tabelle 9.21), sollten diese hinterfragt werden, um die Tiefenstruktur sichtbar und damit das tatsächlich Gesagte zugänglich zu machen.

Fehlgeformtheiten der Sprache

Formulierungen machen deutlich, wie der Einzelne zu etwas steht. Um den Fallstricken einer ausweglosen Diskussion zu entgehen, werden anschließend einige Antworten auf Fehlgeformtheiten in Aussagen gegeben.

Problemlösungsorientierte Fragen

Durch die "richtige" Fragestellung (Tabelle 9.22) können Aussagen vertieft werden. Aber das Gegenüber kann damit auch aus der Reserve gelockt werden. Damit können eventuelle Probleme angesprochen und gelöst werden.

Tabelle 9.20 Tilgungen und Generalisierungen

Tilgungen	
Verbtilgung	Ich freue mich.
Vergleichstilgung	Er ist dümmer.
Adverbtilgung	Offensichtlicherweise mögen sie mich nicht.
Modaloperatoren	Ich muss, es ist notwendig, es ist unmöglich......
Generalisierungen	
Fehlender Bezugsindex	Wir wollen uns nicht weiter aufregen.
Universalquantoren	alle, sämtliche, niemand, jeder
Symmetrische Prädikate	streiten, reden, kämpfen (dazu gehören mindestens zwei)
Asymmetrische Prädikate	Lächeln, schlagen, streicheln (nur ein Handelnder notwendig)
x oder y	Ich muss mich um andere sorgen, sonst mögen sie mich nicht.

Komplexe Generalisierungs-Äquivalenz	Mein Kollege lächelt nie; er mag mich nicht.
Unvollständig spezifizierte Verben	Meine Chefin macht mich verrückt.

Fortsetzung Tabelle 9.20

Nominalisierungen	Diese Entscheidung zu verwirklichen, bedrückt mich.

Tabelle 9.21 Verzerrungen und semantische Fehlgeformtheiten

Vorannahmen	Wenn er so langsam ist wie sein Vater, bringt das nichts.
Ursache-Wirkung	Meine Kollegin macht mich aggressiv.
Implizierter Kausativ	Ich möchte einen anderen Job, aber ich habe keine Zeit für Bewerbungen.
Gedankenlesen	Sie akzeptiert mich nicht.
Verlorenes Performativ	Es ist falsch, sich immer wieder neu zu entscheiden.

9.3 Konfliktmanagement, Methoden des Systemischen Coachings und der Systemischen Aufstellung

In Konfliktsituationen ist das Herausfinden der Ursache meist ein wesentlicher Schritt in Richtung auf die Lösung. Es geht darum, den Gesprächspartner dabei zu unterstützen, von einem problemorientierten „weg von" zu einem lösungsorientierten „hin zu" zu gelangen. Das genaue Hinterfragen hilft dabei, Konfliktherde aufzuspüren und zu entschärfen.

Tabelle 9.22: Vertiefende Fragen zu einigen Aussagen

Aussage	**klärende Frage**
Ich habe ein Problem.	Womit? Wie äußert sich das Problem?
Ich weiß nicht, was ich sagen soll.	Wozu möchten Sie etwas sagen?
Jeder weiß, dass man nicht gewinnen kann.	Wirklich jeder?
Weglaufen nützt nichts.	Wovor wollen Sie weglaufen? Was sollte es nutzen?

Fortsetzung Tabelle 9.22

Sie ist besser für mich.	Was ist gut für Sie? Wofür?
Es ist unmöglich, jeman-	Vollständig unmöglich?

dem zu vertrauen.	Warum ist es unmöglich? Wann ist es unmöglich?
Man soll auf andere Rücksicht nehmen.	Wer sagt das? Warum sollten Sie auf andere Rücksicht nehmen? Warum sollte man auf andere Rücksicht nehmen?
Alle Leute sind gemein zu mir.	Wer sind alle Leute? Wie sind sie genau zu Ihnen? Alle?
Ich nehme Ihnen die Fragerei übel.	Welche Fragen genau? Sind es bestimmte Fragen?

Fortsetzung Tabelle 9.22

Die Entscheidung herzukommen, war schwer.	Wie war der Entscheidungsprozess? Warum war die Entscheidung schwer?
Wenn Paul mich weiter ablehnt, besuche ich ihn nicht mehr.	Warum denken Sie, dass Paul sie ablehnt? Was hat das eine mit dem anderen zu tun?
Die Überzeugungen meines Kollegen machen mir Sorgen.	Welche Sorgen machen Sie sich? Welche Überzeugungen genau?

Ich würde gerne mitfahren, aber meine Schwester ist krank.	Was hat Ihre Schwester damit zu tun?
Mein Mann denkt nie an mich.	Woher wissen Sie, dass er nie an Sie denkt? Was wäre, wenn er an Sie denkt? Wirklich nie?
Meine Kollegin ist arrogant.	Wie äußert sich das in ihrem Verhalten?

9.3.1 Mediation

Mediatoren setzen auf Konsens statt auf Kompromiss.

Hierin liegt die Annahme, dass Konflikte meist auf Defizite in der Kommunikation zurückzuführen sind. Der Mediator sitzt als neutraler Vermittler zwischen den streitenden Parteien.

Zum Beispiel bittet Herr Mayer seinen Chef um eine längst fällige Gehaltserhöhung. Der Chef verweigert. Die Verhandlung ist gescheitert. Herr Mayer beklagt sich bei seiner Frau und geht in die innere Kündigung. Einen Anwalt einzuschalten käme ihm wie eine Kriegserklärung dem Chef gegenüber vor, zudem wäre eine Klage vor Gericht teuer und langwierig.

Anders als vor Gericht, bei dem es um das Geschehen in der Vergangenheit geht, und schließlich ein Gewinner und ein Verlierer hervorgehen, richtet die Mediation den Blick in die Zukunft. Das Ziel ist eine

"Win-Win"-Situation, eine Lösung, die beiden Seiten einen Gewinn bringt.

Angenommen hinter der ablehnenden Haltung des Chefs steht ein geplatzter Auftrag, Herrn Mayer reißen die Kosten für die Kinderbetreuung seiner kleinen Tochter ein Loch ins Portemonnaie. Eine Änderung seiner Arbeitszeiten und eine spätere Neuverhandlung oder die Einrichtung eines Betriebskindergartens wären hier Lösungsansätze, die die verhandelnden Parteien durchdenken könnten.

Hinter der Mediation verbirgt sich ein strukturiertes wissenschaftliches Verfahren, das auch in der Wirtschaft eingesetzt werden kann. Die bekannteste Mediation im letzten Jahr war der Versuch einer Einigung beim Umbau des Stuttgarter Hauptbahnhofs, der im Vorfeld zu massiven Kontroversen in der Bevölkerung führte, durch Lothar Geissler.

Die Vorteile der Mediation setzen sich gegenüber den Vorurteilen durch: Manager und Unternehmer geben immer häufiger der einvernehmlichen Konfliktbearbeitung eine Chance. Bundesweit finden sich zahlreiche Modellprojekte zur Festsetzung von Umweltstandards, im Projektmanagement und im Gemeinwesen.

In den USA sind Einzelgespräche mit dem Mediator die Regel, in Deutschland findet das gesamte Mediationsverfahren dagegen vor einem Plenum statt. Einzelgespräche sind die Ausnahme. Dabei stehen die vorgebrachten Interessen im Vordergrund

- Welche Motive liegen dem Konflikt zugrunde?
- Warum lehnt der Chef eine Gehaltserhöhung ab?
- Gibt es eine Lösung, die alle Interessen befriedigt?

Einfühlungsvermögen und Sensibilität muss ein Mediator haben, trainieren dagegen kann man die Kommunikationsstrategien, Konfliktanalyse und die Entwicklung struktureller Lösungsansätze.

Von den meditativen Strukturen profitieren Personen auch persönlich, die in ihrem beruflichen Alltag komplexe Entscheidungen treffen, Projekte entwickeln und Verfahren oder Teamarbeit gestalten.

Nicht immer muss ein Mediator fachliche Kompetenz aufweisen, um einen Konfliktfall zu lösen, denn sie treffen keine fachlichen Entscheidungen, sondern begleiten die Lösung, zum Beispiel, indem sie einen Experten hinzuziehen.

Ein Mediator arbeitet auf der Konfliktstruktur. Auseinandersetzungen zwischen zwei Unternehmen weisen eine andere Struktur als firmeninterne Konflikte auf, in denen häufig persönliche Verstrickungen und Machtpositionen eine Rolle spielen.

Hier kommen das Systemische Coaching und die Systemische Aufstellung zum Tragen

9.3.2 Methoden des Systemischen Coachings und der Systemischen Aufstellung

Diese persönlichen Verstrickungen werden auf die unterschiedlichste Weise an eine Person „übergeben".

Jeder Mensch lebt in Bezugssystemen wie Familie, Glauben oder Kultur, in die er schon in seiner frühesten Kindheit konfrontiert ist, oder wie Unternehmen oder Freundeskreis, das er sich selbst aussucht. Es gibt Profit-Systeme wie Firmen oder Non-Profit-Systeme wie die Familie.

Diese Systeme beeinflussen das eigene Leben durch die Systemgesetze, zum Beispiel das Anklopfen an der Tür, bevor man das Territorium des anderen betritt. Werden diese Gesetze verletzt, kommt es zu Konflikten.

Das gilt im Privaten wie im Unternehmen.

Es kann sogar gesagt werden, dass das, was im Privaten an Verstrickungen nicht gelöst wird, ins Unternehmen getragen wird, um dort ausagiert zu werden. So lassen sich viele Machtkämpfe sehr einfach erklären.

Durch eine Systemische Aufstellung werden diese Verstrickungen sichtbar gemacht.

(System-) Aufstellungsarten

Dafür stehen ganz unterschiedliche (System-) Aufstellungsarten zur Verfügung

- die große Aufstellung mit echten Menschen als Stellvertreter,
- kleine Aufstellung innerlich oder mit einer Person,
- mit Figuren oder Gegenständen, (dabei muss die Blickrichtung klar sein),
- mit Ankern, zum Beispiel Stühlen zum Hineinsetzen oder Bodenplatten zum Daraufstellen,
- virtuell im Kopf (mit geschlossenen Augen innerlich visualisieren),
- große und kleine Analyse,
- verdeckt (Stellvertreter weiß nicht, wer es ist) oder offen

- Medikamenten-Beispiel (alle Medikamente mit Nummern versehen),
- mit und ohne Analyse.

Der Stellvertreter ist eine in dieser Verstrickung beteiligte Person oder Sache.

Aufstellungserlaubnis

Um eine Aufstellung zu machen, muss eine Aufstellungserlaubnis gegeben werden und es muss geklärt werden, was das eigentliche Thema ist, das bearbeitet wird.

Es ist zu unterscheiden, ob jemand etwas tut oder nicht tut, weil er es nicht kann, weil er es nicht will oder weil er es nicht darf.

Bei „Ich kann nicht" geht es um den Trainingsbereich. Die Person kann üben, lernen und trainieren, natürlich auch mit Rollenspielen oder anderen Methoden. Hier ist die Abfolge Wissen führt zum Können, das wiederum führt zum Handeln.

„Ich will nicht" zeigt dagegen, dass es keinen Sinn für die Person macht, ihr keinen Vorteil bringt. Hier kann auf Coaching-Ebene die Einstellung gegenüber der negativen Haltung geändert werden.

Die tiefste Ebene ist „Ich darf nicht". Hier erlaubt das System etwas nicht. Zum Beispiel fährt man in Deutschland nicht über eine rote Ampel, in einigen anderen Ländern würde nie jemand nachts 5 Minuten an einer roten Ampel geduldig warten, während die Straße menschen- und Auto leer ist.

In gleicher Weise werden viele andere, nicht bewusste Prozesse gelebt, die zum Beispiel im Elternhaus geprägt werden. Diese werden dann auch in Unternehmen mit Kollegen gelebt.

Wenn jemand etwas nicht darf, gilt es, die Erlaubnis zu bekommen, um ihm zu helfen. Das ist Systemisches Coaching.

Fallbeispiel

Ein junger Mann kann eine Festanstellung, mindestens aber für 6 Jahre, bekommen, wenn er bis zu einem Stichtag sein Dissertationsverfahren erfolgreich durchgeführt hat. Seine Doktorarbeit war schon vor zwei Jahren nahezu fertig. Er gibt vor, keine Zeit zu haben, als sein Doktorvater ihm vorschlägt, eine Woche Urlaub für die Fertigstellung zu nehmen. Fachlich ist er brillant und muss die Doktorprüfung nicht scheuen.

Eine Arbeitshypothese könnte hier sein, dass das System ihm nicht erlaubt, in eine andere Gesellschaftsschicht aufzusteigen. Vielleicht lehnte seine Familie „die Studierten" ab, vielleicht hatte sein Vater einen Aufstieg nicht geschafft? Diese und andere Thesen müssen geprüft werden.

Systemgesetze

In der Firmenorganisation können unterschiedliche Systemgesetze betroffen sein.

- In Projekten muss das oben beschriebene Prinzip geklärt werden: kann, will oder darf eine Person nicht.
- Oft gibt es Anmaßung: "Ich kann es besser".
- Durch die Nichteinhaltung der Rangreihenfolge entsteht Mobbing.

Häufig findet eine Neuinszenierung von Familienkonflikten im Arbeitskontext statt. Um das herauszufinden (Analysearbeit), sieht man hinter die Kulissen. Es gilt, Sachen ans Licht zu holen, an die man nie gedacht hätte.

Danach wird eine Arbeitshypothese erstellt und gefragt

- Wofür ist das gut?
- Für was steht das?

Diese Arbeitshypothese kann sich während der Aufstellung durch neue Aspekte verändern.

Am besten wäre eine systemische Aufstellung des Projektteams zu Beginn eines Projekts, um das Projektmanagement zu verbessern. Mit Fragen wie

- Wer will das nicht?
- Wer könnte eine Rolle spielen, an den ich nicht gedacht habe?
- Um was geht es wirklich?

werden unklare Projektbereiche durchleuchtet. Nach der Analyse werden weitere Fragen gestellt

- Welches Spiel ist in Gange?
- Wie kann man sich ein System zu Nutze machen? Zum Beispiel als Armee, nicht als offene Rebellion.
- Wie kann das System bedient werden?

Fallbeispiel

Ein Student verschiebt seine letzten Prüfungen immer wieder. Es gibt Gründe, wie eine schwere Erkrankung zum Prüfungstermin und zum nächsten Termin stirbt der Lieblingshund am Vortag.

Triftige Gründe. Und trotzdem hake ich nach, denn ich habe den Verdacht, dass etwas dahinter verborgen ist. „Sie müssen mir nicht antworten, aber denken Sie bitte darüber nach. Kann es sein, dass Sie sich scheuen fertig zu werden?"

Schweigen.

„Da fragen Sie was!"

Und er beginnt darüber zu reden, was ihn bedrückt. Es kam während einer Prüfung öffentlich zum Vorfall, in dem ihm vom Professor die Fähigkeit, jemals ein guter Ingenieur zu werden, abgesprochen wurde. Die Prüfungsnote war ein Gut.

Die Systemgesetze wirken im Unterbewusstsein, im Verborgenen. Sie sind den Menschen normalerweise nicht bewusst. Dennoch ist ihre Wirkung für jeden und /oder das gesamte System in positiver oder negativer Weise spürbar. Werden diese Systemgesetze eingehalten, so ist das ganze System motiviert. Die Beziehungen stimmen, jeder einzelne fühlt sich unterstützt, gestärkt etc. Werden sie missachtet, werden das System und jeder Einzelne geschwächt.

- Das wichtigste Systemgesetz ist die „Zugehörigkeit zum eigenen System", denn das bedeutet Überleben. So ist es heute noch im Tierreich, und wir bringen dieses Erbe mit, das in unseren Verhaltensprogrammen gespeichert ist.
- Das zweitwichtigste Systemgesetz ist „gegenseitige Anerkennung, Wertschätzung und Respekt". Kein System kann ohne Anerkennung langfristig funktionieren.

Systemgesetze nach Hanisch

Es gilt als Prinzip erst die Ordnung, dann die Bindung und schließlich die Würdigung. Hier werden diejenigen genauer erläutert, die auch im Unternehmen stattfinden.

- Verstrickungen
- Ausgleich
- Rangfolge
- Wer geht, wer bleibt?
- Zugehörigkeit
- Bindung
- Liebe und Anerkennung
- Identifikation
- Doppelbelichtung
- Nachfolge
- Anmaßung

9.3.1 Verstrickungen

Damit ein System funktioniert, muss man eine Ordnung haben. Im Business-Kontext sind es die

- Ordnung der Anerkennung
- Ordnung der Macht

Eine nicht mehr erkennbare Ordnung führt zur Verstrickung.

9.3.2 Ausgleich

Bekommt man zu wenig Geld für eine Arbeit, führt das zu

- innerer Kündigung,
- Dienst nach Vorschrift,
- Arbeit nach Vorschrift (man nimmt sich die Zeit),
- Diebstahl (man nimmt sich das, was einem zusteht).

Bekommt man zu viel Geld für eine Arbeit, führt das zu

- Anmaßung
- Andere fühlen sich benachteiligt und /oder ungerecht behandelt.

Im Vertrieb heißt es, dem Kunden immer etwas mehr geben, damit man ihn bindet. In der Ehe muss die Hausarbeit ausgeglichen sein.

Die Familie wendet sich ab, wenn ein Familienmitglied, dem man Geld geliehen hat, es nicht zurückzahlen kann.

9.3.3 Rangfolge

Außerhalb der Familie wird die Rangfolge, zum Beispiel die Hierarchie im Unternehmen, ebenfalls durch Systemgesetze geregelt.

Setzt man sich auf den Chefsessel, bedeutet das Vordrängeln. Es gibt das das Recht des Älteren oder das Recht des Ersten.

Ein neuer Chef steht systemisch an letzter Stelle. Es ist also ein systemischer Fehler, am Anfang den Chef zu markieren. Es kann zur Folge haben, dass ein Wunsch bei den Mitarbeitern wächst „den sägen wir ab“. Hier muss systemisch von hinten geführt werden, das heißt, der 1. Platz muss von ihm verdient werden.

9.3.4 Wer geht, wer bleibt?

In einer Firma muss derjenige gehen, der keinen Beitrag mehr leistet oder leisten kann.

Bei Entlassungen gilt: Wer zuletzt gekommen ist, muss als erster gehen.

Die Firma muss jemanden in Würde gehen lassen, sonst rächt sich das System. Wird jemand nicht in Würde entlassen, empfinden die Dagebliebenen es als Schande. Das führt zu Rache im Unternehmen.

Im Unternehmen ist das Ziel, wirtschaftlich am Leben zu bleiben.

9.3.5 Zugehörigkeit

Zugehörigkeit wird durch Sprache, Kultur oder Religion definiert. Der Integrationstest ist ein Beispiel dafür, dass man abtesten will, ob genügend Informationen zum Einwanderland vorhanden sind. Erstaunlicherweise könnten viele Einheimische die Fragen gar nicht beantworten. Aber sie es geht nicht um die Fragen, sondern um die systemische Annahme der Landesidentität.

Man verdingt sich die Zugehörigkeit durch zum Beispiel Mord.

Im Unternehmen bedeutet das, dass mutwillig Schaden am Unternehmen angerichtet wird.

Hat jemand die Regeln eines Systems nicht akzeptiert, wird er ausgegrenzt, zum Beispiel früher Männer, die in den Vaterschaftsurlaub gingen. Erst nach und nach änderte sich die Meinung dazu. Ganz akzeptiert ist es allerdings heute noch nicht. Es gehen recht wenige Männer in Elternurlaub.

Fusionen funktionieren meist nicht, wie man in den letzten Jahren immer wieder sah.

Es müsste ein Integrationsprozess stattfinden, indem das Alte, das alte Logo, etc. in Liebe gewürdigt werden, zum Beispiel in einer Abschiedsrede (zum Beispiel mit einem Ritual). Sonst verlieren die Mitarbeiter die Zugehörigkeit und dann das Recht auf Zugehörigkeit.

Das Unternehmen muss zuerst etwas geben, dann geben die Mitarbeiter.

Rituale halten das Leben zusammen. Sie werden eingesetzt, um das Zusammenleben zu ordnen.

9.3.5 Bindung

Wenn man von einem geliebten Menschen getrennt durch was auch immer ist, diesen Menschen aber noch liebt, muss diese Bindung durch ein Abschiedsritual mit der Person gelöst werden, zum Beispiel die Eheschließung mit dem Ritual des Scheidungsprozesses. Bindung kann es auch zu einem Toten geben. Auch Hass ist eine Bindung.

Es gibt aber auch Mitarbeiter, die an das Unternehmen gebunden sind. Sie können nicht eher gehen, bevor die Bindung gelöst ist.

Die Lösungswürdigung ist dabei besonders wichtig.

9.3.7 Liebe und Anerkennung

Wenn Liebe und Anerkennung nicht fließt, schreien der Mensch und seine Seele danach. Wenn es weiter ausbleibt, geht der Mensch in die Krankheit.

Unerwünschte Kinder wird Recht auf Zugehörigkeit verweigert, sie suchen den Ersatz woanders und können in die Sucht gehen. Sucht ist die Suche nach etwas.

Die Frage, „Was hast Du von Vater und Mutter bekommen?“ wird gestellt. Das wird Versorgung, aber auch oft Geld als Ersatz für Ausgleich von Geben und Nehmen sein.

All diese Informationen (Gedanken) sind energetisch gespeichert und das Unterbewusstsein kennt sie.

Im Unternehmen steht Anerkennung der Leistung für Liebe. Die Folgen sind vergleichbar.

Fallbeispiel

Warum engagieren sich bei Facebook Millionen und investieren viel Zeit und Mühe? Die Antwort ist Visibilität, Belohnung und Feedback, die schnell und zeitnah eintritt.

Die Visibilität, das Sichtbarmachen der Ich-Marke, ist ein enormer Antreiber bei der Arbeit. Die persönlichen Stärken (Jeder Mensch ist einzigartig) werden so sichtbar gemacht.

Dabei ist die Belohnung ist ein wichtiger Faktor. Und geht nicht nur über Geld oder Bezahlung, sondern viel mehr durch Wertschätzung und Anerkennung der geleisteten Arbeit. An eine höhere Bezahlung gewöhnt man sich schnell. Deshalb sollten Führungskräfte, aber auch Kollegen loben und wertschätzen, wenn die Arbeitsleistung gut war.

Lob und Wertschätzung werden als positives Feedback empfunden. Feedback ist immer auch der Vergleich mit anderen und dient der Standortbestimmung, als Anreiz, als Lernhilfe durch Vorbilder. Das ist notwendig zur persönlichen Weiterentwicklung.

9.3.8 Identifikation

Wenn jemand im System unberechtigt ausgeschlossen wurde, dann kann passieren, dass jemand anderes wie derjenige wird, unbewusst oder bewusst. Auf unbewusster Ebene wird das übernommen.

Identifikation wird übernommen, wenn eine Person zu Unrecht das Recht auf Zugehörigkeit verloren hat, zum Beispiel Migrantenkinder.

9.3.9 Doppelbelichtung

Jemand sieht in einem eine andere Person. Gibt es zum Beispiel einen Rebellionskonflikt mit Vater oder Mutter, kann es eine erneute Rebellion mit dem Vorgesetzten geben.

9.3.10 Nachfolge

Wenn jemand geht und der Neue folgt nach, muss die Anerkennung des Vorgängers stattfinden, sonst wird das System geköpft.

Es gilt die Frage: Wer hat das Recht auf Nachfolge? Wer rückt nach?

Das Alte hat Vorrang vor dem Neuen.

Hier muss das Alte gewürdigt und geschaut werden, was noch zu gebrauchen ist. Nur so gibt es Entwicklung.

Das ist wichtig bei Beratern in Unternehmen. Ohne Würdigung der alten Arbeitsweisen werden Reformen boykottiert, besonders wenn diese ohne die Mitarbeit des Personals entwickelt wurden.

9.3.11 Anmaßung

Es ist wie bei Goethes Zauberlehrling.

Der Lehrling glaubt, er sei schon besser als der Meister. Im Firmenkontext kann der Lehrling auch der Schüler, der Student oder der Angestellte sein, der Meister auch der Lehrer, der Professor oder der Vorgesetzte sein.

Aber auch gegebene Ratschläge geben ohne Auftrag dazu, sind Anmaßung.

„Ratschläge sind auch Schläge."

Es bedeutet: "Ich kann es /bin besser als Du"

Das Anzunehmen und dann glauben, es besser zu können, ist die Vorstufe zum Größenwahn.

9.4 Testen Sie Ihre Fortschritte

Hier haben Sie wieder die Möglichkeit, Ihr Wissen zu überprüfen. In Tabelle 9.23 können Sie die Fragen beantworten.

Tabelle 9.23 Test zum Kapitel 9: Welche Aussagen sind richtig oder falsch?

Nr.	Frage	richtig	falsch
1	Beim Brainstorming geht Qualität vor Quantität.	☐	☐
2	Eine Mind-Map ermöglicht unstrukturiertes Arbeiten mit neuronalen Strukturen, die der rechten Hirnhälfte entsprechen.	☐	☐
3	Das genaue Hinterfragen hilft, diese Konfliktherde aufzuspüren und zu lösen.	☐	☐
4	Das Ziel einer Diskussion ist häufig, einen Suchprozess zur Klärung oder Übersetzung einer Zielvorgabe einzuleiten.	☐	☐

Fortsetzung Tabelle 9.23

5	Der Mensch hat 6 Sinnesorgane.	☐	☐
6	Das Pene-Trance-Modell kann nur bei der Definition eines Projektzieles eingesetzt werden.	☐	☐
7	Der Ratsuchende oder das Teammitglied muss keine Verantwortung für sein Handeln übernehmen.	☐	☐
8	Tilgungen und Generalisierungen müssen hinterfragt werden, um den tatsächlichen Inhalt einer Aussage zu erhalten.	☐	☐
9	Die Rangfolge kann ruhig verändert werden.	☐	☐
10	Wer zuerst ins Unternehmen gekommen ist, geht auch zuerst bei Krisen.	☐	☐
11	Es ist völlig unproblematisch, wenn man zu viel Lohn erhält.	☐	☐

1	**2**	**3**	**4**	**5**	**6**	**7**	**8**	**10**	**11**
f	r	r	r	f	f	f	r	f	f

10 Zusammenfassung

Projekte sind zeitlich begrenzte Unternehmen, die einen klar definierten Anfang und ein ebenso klar definiertes Ende haben. Dadurch unterscheiden sie sich von der kontinuierlichen Arbeit einer Organisation.

Jedes erfolgreiche Projekt wird in vier Phasen unterteilt: Definition, Planung, Durchführung und Abschluss (Bild 10.1).

Bild 10.1: Die vier Phasen eines Projektes

Es ist für den Erfolg eines Projektes äußerst wichtig, dass es vor dem Beginn klar definiert wird. Jede Definition beinhaltet die Leistungskriterien, die den erfolgreichen Abschluss des Projektes bestimmen. Sobald das Projekt in Gang ist, wird es zwangsläufig zu Änderungen dieser Kriterien kommen. Wichtig dabei ist aber, dass alle Änderungen mit den voraussehbaren Auswirkungen auf Zeitplan und Budget vertraglich festgehalten werden.

Ein erfolgreiches Projekt führt zu dem erwarteten Ergebnis, und zwar zum erwarteten Zeitpunkt und im Budgetrahmen. Deshalb werden in der Planungsphase die drei Projektparameter definiert: Die Spezifikationen legen den Qualitätsmaßstab fest. Die Termine werden durch einen genauen Zeitplan, die notwendigen Kosten werden in einem Budget festgelegt.

Um das Projekt durchzuführen, wird ein Projektteam zusammengestellt. Dies macht eine Projektorganisation notwendig. Die Aufgaben und Verantwortungen werden verteilt. Die Mitarbeiter werden in ihre Aufgaben eingewiesen. Bei großen Projekten werden Verfahren und Richtlinien (Job Procedures) erstellt, um die Tätigkeit des Teams während der Durchführung sicherzustellen.

Der Projektleiter hat nicht nur zu Beginn des Projektes viele unterschiedliche Aufgaben (Tabelle 10.1). Er muss die Arbeit der verschiedenen Gruppen abstimmen und den Fortschritt des Projektes überwachen. Bei Abweichungen der geplanten Größen muss er korrigierend eingreifen. Es wird von ihm erwartet, dass er das Team motiviert, indem er Feedback gibt, dass er die notwendigen Verhandlungen führt und zur Beilegung von Meinungsverschiedenheiten beiträgt.

Das Projektziel ist, dem Auftraggeber das vereinbarte Ergebnis zu liefern. Bevor das Projekt jedoch vollständig abgeschlossen ist, sind noch einige Arbeiten zu erledigen: das Schreiben der Dokumentation, die Durchführung von Schulungen des Bedienpersonals, die Entsorgung des überschüssigen Materials und der Geräte, die Bewertung der gemachten Erfahrungen, der Abschluss durch eine Abnahmeprüfung, das Schreiben eines Berichts zum Projektabschluss und die Durchführung eines Projektrückblicks mit dem Kern des Projektteams.

Doch nicht jedes Projekt verlangt bei dieser Tätigkeit dieselbe Aufmerksamkeit. Es hängt dabei von der Art, der Größe, dem Umfang und der Organisation des Projektes ab, in die es eingebunden ist. Jeder Projektleiter wird selbst entscheiden, welche Maßnahmen sinnvoll sind.

Tabelle 10.1: Maßnahmenliste für ein Projekt

1	Das Projekt definieren	☐
2	Eine Strategie auswählen	☐
3	Spezifikationen entwickeln	☐
4	Einen Zeitplan entwickeln	☐
5	Ein Budget entwickeln	☐
6	Das Projektteam organisieren	☐
7	Aufgaben und Pflichten zuteilen	☐
8	Neue Mitarbeiter trainieren	☐
9	Den Fortschritt überwachen	☐
10	Korrekturmaßnahmen ergreifen	☐
11	Feedback geben	☐
12	Endgültiges Ergebnis testen	☐
13	Ergebnis an den Auftraggeber liefern	☐
14	Betriebsanleitungen schreiben	☐
15	Bedienpersonal schulen	☐
16	Projektmitarbeiter versetzen	☐

Fortsetzung Tabelle 10.1

17	Überschüssiges Gerät und Material entsorgen	☐
18	Einrichtungen und Räumlichkeiten freistellen	☐
19	Leistung des Projektes bewerten	☐
20	Schlussprüfung durchführen	☐
21	Projektbericht fertigstellen	☐
22	Projektrückblick mit den Kernmitarbeitern durchführen	☐

Literatur

2.1; Doran, G. T.; There's a S.M.A.R.T. way to write management's goals and objectives. Management Review, Volume 70, Issue 11(AMA FORUM), pp. 35-36, 1981

2.2; http://www.psy.lmu.de/soz/studium/downloads_folien/ws_09_10/muf_09_10/muf_schattke_0910.pdf

2.3; Schelle, Heinz; Projekte zum Erfolg führen, dtv Verlagsgesellschaft; Auflage: 7, 2014

2.4; https://wissensarbeiter.wordpress.com/2015/06/30/produkte-und-projekte-was-sind-die-unterschiede/

4.1; Pantalon, M.V.; Nicht warten- Starten – Das 7-Minuten-Programm zur Motivation, dtv premium, 2012

5.1; Hofstetter, H.; Der Faktor Mensch im Projekt, In: Schelle, H., Reschke, H., Schnopp, R., Schub A. (Hrsg.): Loseblattsammlung "Projekte erfolgreich managen", Veröffentlichungen des Verbands Deutscher Maschinen-und Anlagenbau e. V., Köln, 1998

6.1; Seiwert, Lothar J.; Das 1 x 1 des Zeitmanagements, Knaur Ratgeber, 2014

6.2; Covey, Stephen R. /Merrill, A. Roger /Merrill, Rebecca R; First Things First, Fireside by Simon & Schuster, New York, 1995

6.3; Covey, Stephen R. /Merrill, A. Roger /Merrill, Rebecca R.; Der Weg zum Wesentlichen: Zeitmanagement der vierten Generation, Campus Verlag, Frankfurt /M., New York, 2014

6.4; Francis C.; Young D.; Tuckman & Jensen, 1977

6.5; Young; A Technique for Producing Ideas, Mcgraw-Hill Professional, 2003

6.6; Motamedi, Susanne; Konfliktmanagement vom Konfliktvermeider zum Konfliktmanager, Grundlagen, Techniken, Lösungswege, Offenbach, 1. Auflage, 1999

6.7; Wazlawick, Paul; Anleitung zum Unglücklichsein, Piper, 2009

6.8; Süß, Gerda; Eschlbeck, Dieter; Der Projektmanagement-Kompass, So steuern Sie Projekte kompetent und erfolgreich, Braunschweig, 1. Auflage, 2002

6.9; Birker, Gabriele; Birker, Klaus; von Pepels, Werner (Hrsg.); Teamentwicklung und Konfliktmanagement, Effizienzsteigerung durch Kooperation, Berlin, 1. Auflage, 2001

6.10; Haeske, Udo; Team-und Konfliktmanagement, Teams erfolgreich leiten, Konflikte konstruktiv lösen, Berlin, 2013

8.1; Kuppinger, Martin; Reister, Steffen; Jäger Matthias; Reister, Steffen; Microsoft Project 2002-Das Handbuch -, Microsoft Press Deutschland, 2003

8.2, Orthwein, M.; Meßmer D., Agiles Projektmanagement – Projektentwicklung mit Scrum, Kanban & Co., Techdivison, Internet Stand 2015-12-06; (https://www.techdivision.com/_Resources/Persistent/a90c984a454ba0b8478694b83f7a8822514b8fc8/Agiles-PM-Whitepaper0502.pdf)

8.3, Kriegisch, A., Scrum - Auf einer Seite erklärt, Internet Stand: 2015-12-01, (http://scrum-master.de/Was_ist_Scrum/Scrum_auf_einer_Seite_erklaert)

8.4, Kriegisch, A.: Scrum-Rollen–Product Owner, Scrum Master, Internet Stand: 2015-12-01, (http://scrum-master.de/Scrum-Rollen/Scrum-Rollen_Product_Owner)

8.5, Alphanodes: Meindl, C., Scrum-Rollen – Der Product Owner, Internet Stand: 2015-12-01, (https://alphanodes.com/de/product-owner)

8.6, Denkmotor: Was ist Design Thinking?, Internet Stand 2015-12-05, Video, (http://www.denkmotor.com/angebot/kreativitat-und-innovation/seminardesign-thinking/)

8.7, Bozyazi, E.: Design Thinking im Projektmanagement, Lehrmaterial Hochschule, Mannheim, Oktober 2014

9.1; Thomas, Carmen; ModerationsAkademie für Medien und Wirtschaft, Engelskirchen

9.2; ; Acer-Werbung, FAZ 2000

9.3; Gelb, M. J.; Das Leonardo-Prinzip, Econ Tb, 2001

9.4; ; Wikepedia

9.5; Schulz von Thun, Friedemann; Miteinander reden, rororo Rowohlt-Verlag, Reinbek bei Hamburg, 2010

9.6; Wazlawick, Paul; Beavin, Janet H.; Jackson, Don D.; Menschliche Kommunikation. Formen, Störungen, Paradoxien, Huber Hans, 2011, Die 5 Axiome der Kommunikationstheorie von Paul Watzlawick

9.7; Schmidt-Tanger, Martina; Kreische, Jörn; NLP-Modelle-Fluff & Facts, VAK Verlag für angewandte Kinesiologie GmbH, Freiburg im Breisgau, 2005

Zusätzliche Literatur

Arden, Paul; Egal, was du denkst, denk das Gegenteil, Bastei Lübbe (Lübbe Ehrenwirth); Auflage: 5 (2011)

Berckhan, Barbara; Die etwas andere Art, sich durchzusetzen-Selbstbehauptungstraining für Frauen; dtv, 2003

Birkenbihl, Vera; Trotzdem lehren (MVG Verlag bei Redline), Moderne Verlagsges. Mvg, 2013

Cameron, Julia; Von der Kunst des Schreibens und der spielerischen Freude, Worte fließen zu lassen, Droemer Knaur, (2003)

Csikszentmihalyi, Mihaly; Kreativität: Wie Sie das Unmögliche schaffen und Ihre Grenzen überwinden, Klett-Cotta, 2015

Dörner, Dietrich; Die Logik des Mißlingens-Strategisches Denken in komplexen Situationen, rororo, 2015

Dulabaum, Nina L.; Mediation: das ABC, die Kunst, in Konflikten erfolgreich zu vermitteln, Weinheim, 4. neu ausgestattete Auflage, 2009

Ernst, Heiko; Können wir unserem Bauchgefühl vertrauen?, Psychologie heute, 03/2003, S.20 ff

Eyer, Eckhard (Hrsg.); Report Wirtschaftsmediation, Krisen meistern durch professionelles Konflikt-Management, Düsseldorf, 2004

Glasl, Friedrich; Konfliktmanagement, ein Handbuch für Führungskräfte, Beraterinnen und Berater, Bern, 7. Auflage, 2002

Goldberg, Natalie; Schreiben in Cafés, Natalie Goldberg, Autorenhaus, Auflage: 2. Auflage, 2009

Hanisch, Christian; Ausbildung zum Aufstellungsleiter „Systemischer Coach ICI /Systemischer Aufstellungsleiter ICI“, European Business Ecademy, Seven Mirrors Consulting GmbH, 2011

Hansel, J.; /Lomnitz, G.; Projektleiter-Praxis-Erfolgreiche Projektabwicklung durch verbesserte Kommunikation und Kooperation, Springer-Verlag, Berlin, 1987

Haynes, Marion E; Projekt-Management-Von der Idee bis zur Umsetzung -, Wirtschaftsverlag Carl Ueberreuter, Wien, 2003

Kotter, John; Rathgeber, Holger; Stadler, Harald ; Das Pinguin Prinzip-Wie Veränderung zum Erfolg führt-, Droemer, 2011

Küstenmacher, Werner Tiki; Simplify your life-einfacher und glücklicher Leben-; Knaur TB, 2011

Litke, Hans-D.,; Projektmanagement: Methoden, Techniken, Verhaltensweisen, Carl Hanser Verlag, München /Wien, 2015

Lohmann, Friedrich; Konflikte lösen mit NLP, Techniken für Schlichungs-und Vermittlungsgespräche, Paarberatung und Mediation, nach Virginia Satir, John Grinder und Thies Stahl, Paderborn, 2003

Lundin e. a.; Fish-Ein ungewöhnliches Motivationsbuch-; Ueberreuther Wirtschaft; 2015

Massow, Martin; Gute Arbeit braucht Zeit-Entdeckung der kreativen Langsamkeit; Heyne, 1999

Mehrmann, Elisabeth; Wirtz, Thomas; Effizientes Projektmanagement, ECOn Taschenbuch Verlag, Düsseldorf, 2. Auflage, 2002

Meise, Sylvie; Hör doch mal zu!, Psychologie heute, 07/2003, S.46 ff

Michel, Reiner M.; Projektcontrolling und Reporting, Sauer-Verlag, Heidelberg, 1989

Modler, Peter; Das Arroganz-Prinzip: So haben Frauen mehr Erfolg im Beruf, Krüger, Frankfurt, 2012

Motamedi, Susanne; Körpersprache – schwere Sprache, Psychologie heute, 10/1996, S.52 ff

Mühlisch, Sabine; Das Prinzip KörperSprache im Unternehmen: Inspirationen für eine lebendige Arbeitsgestaltung, Junfermann, 2014

Naumann, Frank; Diplomatie: Der sanfte Weg zum Sieg, Psychologie heute, 11/2003, S 64 ff

Nöllke, Matthias; Schlagfertigkeit; Haufe; 2015

Rahn-Huber, Ulla; Der Vampir neben dir; Kreuz, 2002

Schwarz, Gerhard; Konfliktmanagement, Konflikte erkennen, analysieren, lösen, Wiesbaden, 2013

Seiwert, Lothar J.; Wenn Du es eilig hast, gehe langsam, campus, 2012

Stoss, Karl; Botschen, Günther; Management der Strategischen Geschäftseinheiten, Verlag Gabler, Wiesbaden, 1994

Weidner, Christopher A.; Feng Shui gegen das Chaos auf dem Schreibtisch, rororo, 2004

Weyer, Simone; Konfliktmanagement im Projekt, Diplomarbeit FH Bochum, Fachbereich Wirtschaft, 2004

Will, Franz; Teamkonflikte erkennen und lösen: Zwischen Emotionen und Sachzwängen, Beltz; 2012

Wolf, Axel; Macht: Wer dominiert wen?, Psychologie heute, 01/1999, S 20 ff

Feedback

Danke für eine positive Bewertung

Wenn Ihnen das Buch gefallen hat, schicken Sie mir bitte eine positive Bewertung bei Amazon Kindle.

Anmerkungen, Fragen oder Kritik

Hier können Sie mir Ihre Anmerkungen, Fragen oder Kritik zum Buch „7 auftriebsstarke Listen für Ihr Projekt“ schicken.

Im Google-Formular können Sie mir direkt schreiben und eine Strategie-Session können sie hier buchen.

ANHANG: LISTE DER LINKS

Kostenlose Strategie-Session http://bit.ly/2FBysxb

Kontakt https://www.kisp.de/kontakt

Blog „Selbstführung & Produktivität" https://www.kisp.de/blog

Google-Formular https://forms.gle/1WzKcKfAEB8vDQeM9

Bonusmaterial https://www.kisp.de/d2m1

Anhang: Formulare

Hier kommen Sie zum kostenlosen Bonusmaterial zum Buch.

1 Projektorganisation

Formular 1.1: Bericht zum Projektabschluss

Projekt:		**Projektnummer:**
Projektleiter:		**Datum:**
Projektziel:		
Projektorganisation:		
Beschreibung der Leistung:		
wichtige Ereignisse /kritische Probleme:		
Projektkosten:		
Unterschriften:	Geschäftsführung	Projektleiter

Formular 1.2: Einzelaktivitäten des Projektes

Projektleiter:					**Projektnummer:**		
					Datum:		
					Blatt:	von	
	Aktivität /Vorgang	Beginn	Ende	Dauer	Lfd. Nr. des Vorgängers	Ressource	benötigte Zeit
1							
2							
3							
4							
5							

Formular 1.3: Projektantrag

Projekt:		**Projektnummer:**		
Projektbeschreibung:		**geplanter Start:**		**geplantes Ende:**
Projektleiter:		**Projektteam:**		
Aufwand-schätzung		**Stunden**	**€**	
	Arbeit			
	Gemein-kosten			
	Material			
	Ausrüs-tung			
	Geräte-mieten			
	Neben-kosten			
	Gewinn			
Gesamtkosten				
Anlagen				

Fortsetzung Formular 1.3

Profitanalyse ☐	Kalkulation ☐	Investition ☐	Risikoanalyse ☐	
Datum:	Antragsteller:			
Genehmigung:	Geschäftsführung:		Datum:	

Formular 1.4: Projektleiteraufgaben/-kompetenzen für ein Projekt

Projekt:	**Projektnummer:**		
Projektbeschreibung:			
Projektleiter	**Stellvertreter:**	**Projektteam:**	
Projektgesamtkosten:			
Aufgaben	Planung /Durchführung des Projektes:		
	Projektorganisation /-dokumentation		
	Arbeitsdelegation an die Fachabteilungen		
	Überwachung /Steuerung hinsichtlich der Leistung /Termine /Kosten		

Fortsetzung Formular 1.4

	Report an den Lenkungsausschuss	
Kompetenz:	Zeichnungsberechtigt in Höhe des Projektbudgets	
	Gegenzeichnung durch die Geschäftsleitung ab €	
	Weisungsbefugt gegenüber dem Projektteam, inklusive der projektbezogenen Weisungsbefugnis auf im Projektteam integrierte Vorgesetzte	
Datum:	Unterschriften:	

Formular 1.5: Mitglieder des Projektteams

Projekt:				
Projektnummer:				
Datum:				
Name	**Kurzzeichen**	**Telefon**	**Mobil**	**E-Mail**

Formular 1.6: Organisation des Projektteams

<table>
<tr><td colspan="2">Projekt:</td><td colspan="3">Projektnummer:</td></tr>
<tr><td colspan="2">Projektleiter:</td><td colspan="3">Datum:</td></tr>
<tr><td></td><td></td><td>trifft zu</td><td>weiß nicht</td><td>trifft nicht zu</td></tr>
<tr><td>1</td><td>Wurden ein Projektleiter (und dessen Stellvertreter) ernannt?</td><td></td><td></td><td></td></tr>
<tr><td>2</td><td>Besitzt der Projektleiter bereits Projekterfahrung?</td><td></td><td></td><td></td></tr>
<tr><td>3</td><td>Wurden Fachprojektleiter (und deren Stellvertreter) benannt?</td><td></td><td></td><td></td></tr>
<tr><td>4</td><td>Besitzt das Projektteam bereits Projekterfahrung?</td><td></td><td></td><td></td></tr>
<tr><td>5</td><td>Wurde die Terminplanung mit dem Projektteam abgestimmt?</td><td></td><td></td><td></td></tr>
<tr><td>6</td><td>Wird der Terminplan regelmäßig überarbeitet und neu generiert?</td><td></td><td></td><td></td></tr>
</table>

Fortsetzung Formular 1.6

7	Werden regelmäßig Projektsitzungen abgehalten?			
8	Wurde der Projektablauf mit dem Projektteam abgestimmt?			
9	Wurde das Projektteam auf die Informationsbringpflicht hingewiesen?			
10	Wird das festgelegte Freigabe- und Änderungsverfahren eingehalten?			
11	Werden die Zulieferer regelmäßig überprüft?			

Formular 1.7: Risikoanalyse während der Projektplanung

Projektleiter:			
Projekt:			
Projektnummer:			
A	Technische Risiken	Materialzusammensetzung	
		Materialverfügbarkeit	
		Maschinenbelegung	
		Montage	
B	Wirtschaftliche Risiken	Finanzierung	
		Verträge	
		Information	
		Dokumentation	
		Patente	
C	Politische Risiken	Welche Rechtsprechung kommt zur Anwendung?	

Fortsetzung Formular 1.7

		Welche Einfuhr- /Ausfuhrbestimmungen gelten?	
		Welche Zollbeschränkungen gelten?	
		In welcher Währung wird abgerechnet?	
		Kapitaltransfer?	
D	Risikofaktor "Mensch"	Projektleiter	
		Projektteam	
		Fachwissen Projektleiter /-team	
		Erfahrung Projektleiter/-team	
		Know-How Projektleiter -team	

Formular 1.8: Feedback zum Projektabschluss

Projekt:		**Projektnummer:**				
		Datum:				
Entscheiderkreis? ☐		**Steuerkreis?** ☐				
		Schulnoten				
		1	2	3	4	5
1	Wie zufrieden waren Sie mit der ersten Ansprache, Beschreibung der Aufgabenstellung sowie der Zielfindung durch das Projektteam?					
2	Wie zufrieden waren Sie mit der Betreuung Ihrer Projekttätigkeit durch die Projektleitung und das Planungsteam?					
3	Wie zufrieden waren Sie mit der Kommunikation in den Projektgruppen bzw. Koordinationsgesprächen?					
4	Waren wichtige Funktionsträger oder Entscheidungsträger in der Projektstruktur nicht berücksichtigt?					
5	Wie hoch schätzen Sie Ihren Beitrag zur Problemlösung im Sinne der Zieldefinition?					
6	Wie schätzen Sie das Projekt bezüglich der Realisierung aller Teil-/Projektziele ein?					

Formular 1.9: Monatsbericht des Projektes

Projektnummer:	**Datum:**		**verantwortlich:**
Leistung im Berichtsmonat:			
Terminsituation:			
Abweichungen:			
Vorgesehene Maßnahmen:			

Formular 1.10: Anforderungsprofil des Projektleiters

Name:				
	Kriterien	hoch	mittel	niedrig
1	Fachkompetenz			
1.1	Technisches Knowhow			
1.2	Kenntnis der Unternehmensstruktur			
1.3	Kenntnis der Informationswege			
1.4	Kenntnis der Ablaufstrukturen			
1.5	Projektmanagementerfahrung			
2	Methodenkompetenz			

Fortsetzung Formular 1.10

2.1	Kenntnis der Planungstechniken			
2.2	Kenntnis der Methoden zu Kapazitäts- /Kostenplanung			
2.3	Kenntnis der Meilenstein-Trendanalyse			
2.4	Kenntnisse der Risikoanalyse			
2.5	Kenntnis des Änderungsmanagements			
2.6	Kenntnis der Methoden des Vertragsmanagements			
2.7	Kenntnis des Qualitätsmanagements			
2.8	Kenntnis der Präsentationstechniken			
2.9	Akzeptanz im Unternehmen			
2.10	Kenntnis der Kreativitätsmethoden			
2.11	Kenntnis der Kommunikationstechniken			
2.12	Kenntnis des Selbstmanagements			
3	Sozialkompetenz			
3.1	Eigeninitiative			

Fortsetzung Formular 1.10

3.2	Zielstrebigkeit			
3.3	Durchsetzungsvermögen			
3.4	Einfühlungsvermögen			
3.5	Organisationstalent			
3.6	Verhandlungsgeschick			
3.7	Motivationsfähigkeit			
3.8	Delegationsvermögen			
3.9	Kritikfähigkeit			
3.10	Konfliktfähigkeit			
3.11	Lernbereitschaft			
3.12	Kommunikationsfähigkeit			
3.13	Aktives Zuhören			
3.14	Verständlich Ausdrücken			

Formular 1.11: Risikoanalyse während der Projektdurchführung

Projekt:				**Projektnummer:**			
Projektleiter:		**Unterschrift:**		**Datum:**			
Aufgabe	Risiko	Risiko-grad 1-10 (nied-rig-hoch)	Ursache	Aus-wir-kung auf	Maßnahmen	vor-beu-gend	korri-gie-rend

Formular 1.12: Stellenbeschreibung eines Projektleiters

Stellenbeschreibung				
Nachname, Vorname, Geburtsdatum			Funktionsbezeichnung	
			Rang	
Betrieb	Abteilung	Gruppe	Stelle-Nr.	Tarifgrup-pe
Beschreibung der Aufgabe:				

Fortsetzung Tabelle 1.12

Stelleninhaber berichtet an:				
Stelleninhaber erhält fachliche Weisungen von:				
Direkt unterstellte Mitarbeiter (Nachname, Vorname, Funktion, Einstufung):				
Stelleninhaber gibt fachliche Weisung an (Name, Funktion):				
Stelleninhaber wird vertreten durch:				
Stelleninhaber vertritt:				
Befugnisse, Vollmachten:				
Zum Aufgabengebiet gehören folgende Arbeitsmittel				
(Maschinen, techn. Anlagen):				
Zur Wahrnehmung des Aufgabengebietes sind				
folgende Fachkenntnisse erforderlich:				

2 Selbstmanagement

Formular 2.1: Wertedefinition

Anerkennung	
Begeisterung	
Bescheidenheit	
Disziplin	
Eigentum	
Einfluss	
Erfolg	
Freude	
Freundschaft	
Fröhlichkeit	
Fürsorglichkeit	
Geld	
Gerechtigkeit	
Gesundheit	
Glaubensfestigkeit	

Fortsetzung Formular 2.1

Glück	
Harmonie	
Härte	
Leistung	
Liebe	
Lust	
Macht	
Mut	
Ordnung	
Pflichterfüllung	
Ruhm	
Schönheit	
Sicherheit	
Spaß	
Taktgefühl	
Tapferkeit im Kampf	

Fortsetzung Formular 2.1

Treue	
Verantwortung	
Vertrauenswürdig- keit,	
Wahrhaftigkeit	
Weisheit	
Wohlbehagen	

Formular 2.2: Einstellung zur Zeit

Zur Bestandsaufnahme der Einstellung und des Umgangs mit der Zeit gehört auch das Empfinden, viel oder wenig Zeit zu besitzen.

	Schulnoten				
	1	2	3	4	5
Mein Terminkalender ist immer randvoll.					
Ich möchte viel mehr freie Zeit besitzen, um alle meine privaten Möglichkeiten wahrzunehmen.					
Meine Arbeitszeit beträgt in der Woche wesentlich mehr als vierzig Stunden.					
Nach der Arbeit bin ich so erschöpft, dass ich keine Aktivitäten mehr entwickeln kann.					
Ich nehme häufig Arbeit mit nach Hause.					
Für mein Privatleben habe ich kaum Zeit.					
Auch in meiner Freizeit kreisen meine Gedanken oft um berufliche Aufgaben und Probleme.					

Fortsetzung Formular 2.2

Ich habe häufig das Gefühl, nichts geschafft zu haben, obwohl ich den ganzen Tag hart gearbeitet habe.					
Ich will ständig erreichbar sein, sonst habe ich das Gefühl, Chancen zu verpassen.					
Ich komme kaum zu Dingen, die ich eigentlich tun müsste.					
Für Kreativität und Selbstverwirklichung bleibt keine Zeit.					

Formular 2.3: Selbsteinschätzung der persönlichen Qualifikation

Bearbeiten Sie das Formular zuerst allein (Selbstbild) und lassen sich dann von einer Ihnen nahestehenden Person (Fremdbild) beurteilen. Aus den Unterschieden lernen Sie sicher eine Menge.

Wenn Sie niemand Fremden ansprechen möchten, können Sie auch nach und nach die einzelnen Punkte im Umgang mit anderen überprüfen. An den jeweiligen Reaktionen Ihres Gegenübers (Mimik, Gestik, Körpersprache) erkennen Sie mit der Zeit gut, wie Sie "ankommen".

Kriterium	**Bewertung**				
	1	2	3	4	5
Eigenverantwortung					
tatkräftig					
träumerisch					
zielorientiert					
effektiv					
Leistungsmotivation					
risikobereit					
ruhig					
dynamisch					

Fortsetzung Formular 2.3

belastbar					
Selbstbewusstsein					
zufrieden					
gefühlsbetont					
autoritär					
aktiv					
Motivation					
engagiert					
zweifelnd					
hartnäckig					
pflichtbewusst					
Kontaktfreude					
gesellig					
emotional					
rational					
extrovertiert					

Fortsetzung Formular 2.3

Auftritt					
dominant					
hilfsbereit					
vorsichtig					
selbstkritisch					
Sensibilität					
sensibel					
tolerant					
energisch					
nachdenklich					
Einsatzfreude					
aufrichtig					
perfekt					
initiativ					
diszipliniert					
Statusdenken					

Fortsetzung Formular 2.3

materiell					
beliebt					
bescheiden					
geltungsbewusst					
Systematisches Arbeiten					
analytisch					
spontan					
kreativ					
organisiert					
Initiativkraft					
stur					
selbständig					
reaktiv					
angepasst					
Frustrationstoleranz					
erregbar					

Fortsetzung Formular 2.3

souverän					
willensstark					
heiter					
Kritikfähigkeit					
empfindlich					
diplomatisch					
abwartend					
humorvoll					
Emotionalität					
optimistisch					
umsichtig					
vernünftig					
motivierend					
Selbstsicherheit					
absichernd					
fordernd					

Fortsetzung Formular 2.3

ausgleichend					
familiär					
loyal					
flexibel					
kritisch					
fortschrittlich					

3 Teammanagement

Formular 3.1: Bewertung der Arbeitsatmosphäre im Team?

	Thema	trifft nicht zu	weiß nicht	trifft zu
1	Das Klima ist unbürokratisch, behaglich und entspannt.			
2	Die Rollen, Zuständigkeiten und Vollmachten sind geklärt.			
3	Wir nehmen uns Zeit, einander unsere Zielvorstellungen und Erwartungen mitzuteilen.			
4	Es werden klare Vereinbarungen getroffen und akzeptiert.			
5	Die Mitglieder sind bereit, an der Verwirklichung der Projektziele mitzuarbeiten.			
6	Wir halten uns an getroffene Entscheidungen und setzen sie um.			
7	Wir können offen über Unsicherheiten und Ängste sprechen.			
8	Meinungsverschiedenheiten werden restlos geklärt und individuelle Standpunkte werden berücksichtigt.			

Fortsetzung Formular 3.1

9	Wir investieren in die Kontrolle unserer Problemlösungsstrategie Zeit.			
10	Beschlüsse werden auf der Basis der Übereinstimmung gefasst.			
11	Wir sprechen über die Qualität unserer Zusammenarbeit.			

Formular 3.2: Teamrollen nach Belbin-Selbsteinschätzung

Welche Rolle nehmen Sie am besten im Team ein?

Mit dem folgenden Test nach Belbin können Sie diese Fragen beantworten.

- Lesen Sie Aussage mit den möglichen Antworten zuerst sorgfältig durch.
- Fangen Sie bei "A" an und schätzen Sie die Wertigkeit des Satzes bezogen auf Ihre Einstellungen und Ihr Verhalten ein.
- Verteilen Sie bitte 10 Punkte auf alle für Sie zutreffenden Aussagen. Je zutreffender die Aussage, desto mehr Punkte geben Sie. Finden Sie sich nur in einem Satz wieder, erhält dieser 10 Punkte, ansonsten teilen Sie die Punkte so auf, wie Sie sich selbst sehen. Je mehr Sie Ihre Punkte auf verschiedene Fragen aufteilen, je unklarer wird das Ergebnis, haben Sie also Mut zur Entscheidung!
- Zum Schluss sollten bei jeder Aufgabe 10 Punkte verteilt sein.

1. Ich liebe meine Arbeit, denn ...

2. Charakteristisch für meine Art in einer Gruppe zu arbeiten ist ...

A	Ich finde es interessant, meine Kollegen besser kennen zu lernen, um mit Ihnen besser auszukommen.
B	Gewöhnlich bringe ich die Argumente, um unpassende Vorschläge zu Fall zu bringen.
C	Ich denke, dass ich bestechende Maßnahmenpläne schmieden kann, die dann auch zu Aktionen führen.
D	Ich habe die Gabe, unerwartet Alternativen auf den Tisch zu bringen statt "Alten Wein in neuen Schläuchen" zu präsentieren.
E	Wenn es um das Lösen von Aufgaben im Team geht, bin ich eher als Perfektionist einzuschätzen.
F	Ich mag es, nützliche Kontakte auch außerhalb der aktuellen Arbeitsgruppe zu haben.
G	Wenn es um die Lösung einer Aufgabe geht, widme ich mich dieser mit Liebe zum Detail.
H	Wenn etwas angepackt werden muss, weiß ich auf Anhieb zu bestimmen, was getan werden muss, auch wenn ich an den Meinungen aller interessiert bin.
I	Ich scheue mich nicht, gegen die Meinung anderer zu diskutieren oder die Position einer Minderheit zu verteidigen.

3. Wenn ich mit anderen in einem Projekt arbeite ...

A	Ich habe Erfolg darin, Menschen anzuleiten ohne sie in eine Richtung zu drängen.
B	Meine Wachsamkeit bewahrt uns vor Ungenauigkeit und davor, Dinge zu vergessen.
C	Ich dränge auf konkrete Taten, um sicher zu sein, dass keine Zeit in Meetings vertan wird und darauf, Wichtiges von Unwichtigem zu trennen.
D	Man kann sicher sein, dass ich neue und grundlegende Ideen einbringe.
E	Ich bin immer bereit. eine gute Idee einzubringen, wenn es alle weiterbringt.
F	Ich halte immer Ausschau nach neuen Ideen und Entwicklungen.
G	Ich bin überzeugt, andere mit meinem breiten Wissensspektrum und meinen Fähigkeiten der Lösung ein gutes Stück näher zu bringen.
H	Ich bin überzeugt, dass ich besonders mit meiner Fähigkeit zu beurteilen einen wichtigen Beitrag zur Entscheidungsfindung beitrage.
I	Andere können sicher sein, dass ich alle bedeutenden Fragen behandle.

4. Was ich zu einem Team beitragen kann ...

A	Ich denke, dass ich in der Lage bin, neue Alternativen zu entdecken und anzuwenden.
B	Meine Fähigkeit liegt in meiner Fachkenntnis, die ich gerne einsetze, um die Aufgabe voranzubringen.
C	Ich kann mit allen Leuten auskommen.
D	Ideen einzuwerfen ist eine meiner naturgegebenen Gaben.
E	Meine Fähigkeit liegt darin, Leute zu fordern und zu fördern, wenn ich merke, dass sie einen wesentlichen Beitrag leisten können.
F	Mein effizientes Arbeiten erlaubt mir, Dinge (z. B. Projekte) sauber abzuschließen.
G	Ich bin darauf vorbereitet, für eine Weile unpopulär zu sein, wenn es zu Ergebnissen führt, die wertvoll sind.
H	Normalerweise realisiere ich, was möglich und realistisch ist.
I	Ich kann Gründe für alternative Vorgehensweisen liefern. ohne mein eigentliches Ziel aus den Augen zu verlieren.

5. Bei der Arbeit in einem Team könnten meine Schwächen sein, dass ...

A	Ich fühle mich nur wohl, wenn Besprechungen gut strukturiert, also unter Kontrolle sind und gut geleitet werden.
B	Wenn Leute zu einem Thema gute Ideen haben, stimme ich zu schnell zu, ohne die Sache gründlich diskutiert zu haben.
C	Ich laufe Gefahr, zu viel zu reden, wenn ich neue Ideen habe.
D	Normalerweise habe ich keine sehr starke Meinung. Als Konsequenz stimme ich zu schnell anderen zu.
E	In Situationen, in denen etwas passieren muss, werde ich gelegentlich als drängelnd und autoritär wahrgenommen.
F	Ich finde es schwierig, schnell das Kommando zu übernehmen- vielleicht, weil ich sehr sensibel für die Stimmungen in der Gruppe bin.
G	Ich habe die Tendenz mit meinen Ideen "abzuheben" und den Kontakt zu dem, was tatsächlich vor sich geht, zu verlieren.
H	Meine Kollegen meinen, dass ich mich unnötigerweise mit möglichen Fehlschlägen aufhalte.
I	Ich fühle mich wohl, wenn ich mich detailliert mit einer eigenen Aufgabe auseinandersetzen kann.

6. Wenn mir plötzlich eine schwierige Aufgabe übertragen wird, die unter Zeitdruck und mit neuen, mir unbekannten Leuten zu bewältigen ist ...

A	Ich bevorzuge es, mich zurückzuhalten, um erst einmal die Lage zu sondieren, bevor ich mit Vorschlägen komme.
B	Ich suche sofort nach Möglichkeiten der Zusammenarbeit mit den Leuten, die mir am meisten zusagen.
C	Ich suche sofort nach einer Möglichkeit die Aufgabe anzupacken, indem ich festlege, welche Leute am besten welchen Beitrag leisten sollen.
D	Mein Gefühl sagt mir, was mehr oder weniger dringend ist und wie die Zeitplanung auszusehen hat.
E	Ich bleibe ruhig und sammle meine Fähigkeiten, um objektiv nachzudenken.
F	Ich arbeite immer auf das Ziel zu, wenn auch manchmal nur in kleinen Schritten.
G	Ich werde die Führung übernehmen, wenn ich feststelle, dass die Gruppe keinen Fortschritt macht.
H	Ich rege unverzüglich Diskussionen an, um neue Sichtweisen zu provozieren und den Lösungsprozess zu starten.
I	Ich gliedere mich sofort in die Gruppe ein und warte darauf, dass mir eine Aufgabe übertragen wird, der ich mich widmen kann.

7. Während ich in einer Gruppe arbeite, kämpfe ich mit folgenden Problemen ...

A	Ich zeige häufig Ungeduld denen gegenüber, die den Fortschritt behindern.
B	Andere Leute kritisieren mich, weil ich zu analytisch vorgehe und nicht meiner Intuition traue.
C	Meiner Über-Besorgnis, dass Dinge nicht sorgfältig genug ausgeführt werden könnten, bringt das Risiko, dass der Projektfortschritt behindert wird.
D	Es ist schwer für mich, das Gesamtziel im Auge zu behalten, ich widme mich lieber der Erfüllung der Teilziele.
E	Mir wird es schnell langweilig - und dann brauche ich Einiges an Anstoß, um wieder aktiv zu werden.
F	Für mich ist es schwierig anzufangen, wenn die Ziele noch nicht klar definiert sind.
G	Ich bin kaum fähig, Ordnung in die Fülle meiner Gedanken und Ideen zu bringen.
H	Ich unterliege oft der Tendenz, andere Leute um Erledigung der Dinge zu bitten, die ich selber nicht tun mag.
I	Ich zögere immer dann meine Gedanken zu äußern, wenn ich meine, damit eine stärkere Opposition zu erzeugen.

Auswertung

Frage	**Punkteverteilung**								
1	G	E	I	A	B	F	D	C	H
2	I	B	E	C	D	G	A	H	F
3	A	C	D	H	I	F	E	G	B
4	E	G	D	I	H	A	C	B	F
5	B	E	G	D	A	C	F	I	H
6	C	G	A	E	F	H	B	I	D
7	H	A	G	B	F	E	I	D	C
Summe									

Rolle	**Chairman** **Koordinator**	**Implementor**	**Planter**	**Monitor** **Elevator**	**Shaper**	**Ressource Investigator**	**Teamworker**	**Spezialist**	**Completer** **Finisher**
	Vorsitzender **Koordnator**	**Umsetzer**	**Neuerer** **Erfinder**	**Beobachter**	**Macher**	**Wegbereiter** **Weichensteller**	**Teamarbeiter**	**Spezialist**	**Perfektionist**

SACHWÖRTERVERZEICHNIS

Liste der Warenzeichen

Microsoft (MS) Project 2010® ist ein Produkt der Microsoft® Coorp., U. S. A.

Microsoft Excel, Corel DrawTM 7, Oracle, Visual Basic® und ähnliche sind entweder eingetragene Marken oder Marken der Microsoft Corp. und/oder anderer Unternehmen in den Vereinigten Staaten und/oder in anderen Ländern,

MindManager Version 2012, Mindjet LLC.

Trello https://**trello**.com/

ÜBER DIE AUTORIN

Prof. Dr. Annette Kunow lehrte nach mehrjähriger Industrietätigkeit 32 Jahre an der Hochschule Bochum im Fachbereich Mechatronik und Maschinenbau.

Prof. Dr. Annette Kunow unterstützt Menschen darin, sich selbst besser zu führen und zu strukturieren. Darüber hinaus begleitet sie Unternehmen, die mehr Effizienz in ihr Projektmanagement bringen wollen. Nicht zuletzt steht sie Startups im Bereich Engineering als Science Angel zur Verfügung.
Dinge konsequent voranzubringen ist ihre Leidenschaft.
Annette Kunow ist Autorin mehrerer Bücher.

Technische Mechanik Statik

Die Technische Mechanik ist eine Kernkompetenz eines jeden Ingenieurs. Ohne diese Kenntnisse können die physikalischen Eigenschaften von Systemen nicht erfasst werden.

Was Sie in diesem Buch lernen werden

1. Mathematische Grundlagen
2. Arbeitsbegriff der Statik
3. Gleichgewicht
4. Schnitt- und Reaktionskräfte
5. Haftung und Reibung
6. Raumstatik

Technische Mechanik Statik Übungen

Die Technische Mechanik ist eine Kernkompetenz eines jeden Ingenieurs. Ohne diese Kenntnisse können die physikalischen Eigenschaften von Systemen nicht erfasst werden.

Vollständig und mit möglichen Lösungsvarianten gelöste Übungsaufgaben

Was Sie in diesem Buch lernen werden

7. Mathematische Grundlagen
8. Arbeitsbegriff der Statik
9. Gleichgewicht
10. Schnitt- und Reaktionskräfte
11. Haftung und Reibung
12. Raumstatik

Technische Mechanik Elastostatik

Die Technische Mechanik ist eine Kernkompetenz eines jeden Ingenieurs. Ohne diese Kenntnisse können die physikalischen Eigenschaften von Systemen nicht erfasst werden.

Was Sie in diesem Buch lernen werden

1. Deformationen
2. Elastizitätsgesetz
3. Spannungen
4. Spannungszustände
5. Statische Bestimmtheit
6. Arbeitsbegriff der Elastostatik

Technische Mechanik Elastostatik Übungen

Die Technische Mechanik ist eine Kernkompetenz eines jeden Ingenieurs. Ohne diese Kenntnisse können die physikalischen Eigenschaften von Systemen nicht erfasst werden.

Vollständig und mit möglichen Lösungsvarianten gelöste Übungsaufgaben

Was Sie in diesem Buch lernen werden

7. Deformationen
8. Elastizitätsgesetz
9. Spannungen
10. Spannungszustände
11. Statische Bestimmtheit
12. Arbeitsbegriff der Elastostatik

Technische Mechanik Dynamik

Die Technische Mechanik ist eine Kernkompetenz eines jeden Ingenieurs. Ohne diese Kenntnisse können die physikalischen Eigenschaften von Systemen nicht erfasst werden.

Was Sie in diesem Buch lernen werden

- Kinematik
- Kinetik des Massenpunktes
- Kinetik des Massenpunktsystems
- Kinetik des Starrkörpers
- Ebene Bewegung
- Schwingungen

Technische Mechanik Dynamik Übungen

Die Technische Mechanik ist eine Kernkompetenz eines jeden Ingenieurs. Ohne diese Kenntnisse können die physikalischen Eigenschaften von Systemen nicht erfasst werden.

Vollständig und mit möglichen Lösungsvarianten gelöste Übungsaufgaben

Was Sie in diesem Buch lernen werden

- Kinematik
- Kinetik des Massenpunktes
- Kinetik des Massenpunktsystems
- Kinetik des Starrkörpers
- Ebene Bewegung
- Schwingungen

Projektmanagement und Business Coaching

Grundlagen des agilen Projektmanagements mit Methoden des Systemischen Coachings

Projektkompetenz ist heute die Kernkompetenz für jeden Berufstätigen. Ohne die Strukturierung durch das Projektmanagement sind Abläufe in Unternehmen nicht mehr zu bewältigen.

Was Sie in diesem Buch lernen werden

- Strukturierte Pläne
- Optimale Nutzung der Ressourcen
- Klar bewertbare Projektziele
- Angepasste Informationssysteme
- Führung des Teams
- Strategische Projektziele

Project Management and Business Coaching

Basics of Agile Project Management With Methods of Systemic Coaching

Project competence is today the core competence for every professional. Without structuring through project management, processes in companies can no longer be mastered.

What You Will Learn in this Book

- Structured plans
- Optimal use of resources
- Clearly assessable project objectives
- Adapted information systems
- Leadership of the team
- Strategic project goals

Finite-Elemente Methode / Computer Aided Engineering (CAE)

Theoretische Grundlagen und Lösungen

CAE ist heute in den Konstruktions- und Entwicklungsbereichen der Industrie nicht mehr wegzudenken. Die heute übliche automatische Vernetzung kann ohne das Grundlagenwissen zu gravierenden Fehlern führen.

Was Sie in diesem Buch lernen werden

- Grundbegriffe und Gesamtsteifigkeit
- Flächen- und Volumenelemente
- Vernetzungsregeln
- Versuche
- Dynamische Berechnungen
- Nichtlinearität

Numerische Dynamik

Grundlagen-Modellbildung-Anwendungen

Die Numerische Dynamik ist ein bedeutender Bestandteil im Engineering. Sie vermittelt die physikalischen Zusammenhänge, um Konstruktionen unter bewegten Belastungen zu dimensionieren.

Was Sie in diesem Buch lernen werden

- Grundlagen der Dynamik/ Kinetik
- Prinzip der dynamischen Berechnung
    - Einmassenschwinger
    - System mit zwei Freiheitsgraden
    - Mehrmassensystem
- Berechnung für das Kontinuum
- Ausführliche Beispiele und Übungen, incl. Eingaben in die Programme (EXCEL, MATLAB)

Numerische Dynamik Übungen

Grundlagen-Modellbildung-Anwendungen

Die Numerische Dynamik ist ein bedeutender Bestandteil im Engineering. Sie vermittelt die physikalischen Zusammenhänge, um Konstruktionen unter bewegten Belastungen zu dimensionieren.

Was Sie in diesem Buch lernen werden

- Grundlagen der Dynamik/Kinetik
- Prinzip der dynamischen Berechnung
    - Einmassenschwinger
    - System mit zwei Freiheitsgraden
    - Mehrmassensystem
- Berechnung für das Kontinuum
- Ausführliche Beispiele und Übungen, incl. Eingaben in die Programme (EXCEL, MATLAB)

24 raketenstarke Produktivitäts-Stategien

So bringen Sie Ihren ganz persönlichen Business-Alltag zum Abheben

In diesem Booklet finden Sie eine Zusammenfassung der wichtigsten Produktivitäts-Strategien.

Was Sie in diesem Buch lernen werden

- Zusammenfassung der wichtigsten Produktivitäts-Strategien

24 Rocket Power Productivity Strategies

How to make your very personal business day stand out

In this booklet you will find a summary of the most important productivity strategies.

What You Will Learn in this Book

- Summary of the most important productivity strategies

7 auftriebsstarke Listen für Ihr Projekt

So bringen Sie Ihr nächstes Projekt in Sekundenschnelle nach oben

Ich zeige Ihnen hier meine 7 wichtigsten Checklisten zur Planung und erfolgreichen Durchführung eines Projektes.

Und Sie bekommen eine umfangreiche Beschreibung zu den einzelnen Schritten, um es gut umsetzen zu können.

Was Sie in diesem Buch lernen werden

- Checklisten zur Planung und erfolgreichen Durchführung eines Projektes mit Beschreibunmhg

7 Buoyant Lists For Your Project

How to bring your next project upwards in a matter of seconds

Here I show you my 7 most important checklists for planning and successful implementation of a project.

And you will receive a comprehensive description of the individual steps in order to be able to implement it well.

What You Will Learn in this Book

- Checklists for planning and successful implementation of a project

www.ingramcontent.com/pod-product-compliance
Lightning Source LLC
LaVergne TN
LVHW072011300926
849160LV00003B/14